新工科教育智能+系列丛书

高效对话大语言模型：提示工程与提出问题

王凯峰　孙之琳　编著

天津大学出版社
TIANJIN UNIVERSITY PRESS

图书在版编目（CIP）数据

高效对话大语言模型 ：提示工程与提出问题 / 王凯峰，孙之琳编著. -- 天津 ：天津大学出版社，2025. 3. (新工科教育智能+系列丛书). -- ISBN 978-7-5618-7950-4

Ⅰ. TP391

中国国家版本馆CIP数据核字第20250SR849号

GAOXIAO DUIHUA DAYUYAN MOXING:
TISHI GONGCHENG YU TICHU WENTI

出版发行 天津大学出版社
地　　址 天津市卫津路92号天津大学内（邮编：300072）
电　　话 发行部：022-27403647
网　　址 www.tjupress.com.cn
印　　刷 北京盛通印刷股份有限公司
经　　销 全国各地新华书店
开　　本 710mm×1010mm　1/16
印　　张 13.25
字　　数 209千
版　　次 2025年3月第1版
印　　次 2025年3月第1次
定　　价 48.00元

序

自2022年11月ChatGPT上线以来,众多中外大模型相继推出,为公众所用。要有效应用这些模型解决工作中的问题,就必须学会如何向大模型提问。向这些大模型提问时,我们需要通过“输入提示”(input prompt)的形式来进行。提示工程(prompt engineering)是关于用户与大模型交互的专门领域。OpenAI的首席执行官(CEO)萨姆·奥尔特曼(Sam Altman)曾评价,提示工程将是一项“惊人的高杠杆技能”。在人工智能(AI)时代,AI技术将无处不在,从我们日常使用的手机到工作中的计算机,从企业员工操作的机器到媒体专业人员使用的工具和系统,都将嵌入AI技术。AI将深刻影响科学研究、工程创新、企业实践和社会运作的各个方面。作为技术创新与实践的核心领域,工程学科将面临前所未有的发展机遇和挑战。当前,有效地使用提示工程技能,可以帮助我们更好地利用各种AI大模型,提高完成各类任务的效率与质量。

那么,什么是提示工程?提示工程是设计和优化输入提示,使AI模型生成准确且有用的输出。根据不同任务和目标,精心设计的提示语句可以引导模型高质量地响应。作为AI系统的关键交互技术,提示工程是工程实践中的重要工具,掌握提示工程的相关技能是成为一名工程技术人员的必备素质。提示工程的独特之处在于,它融合了语言艺术、技术逻辑和解决问题的能力,是一个涵盖表达、分析、提问、创新思维与应用实践的跨学科领域。这一领域不仅要求工程技术人员理解AI大模型的工作原理,还需要他们能通过简洁、精准的指令挖掘智能系统的潜力,解决实际问题，从而体现对技术的掌握和对问题本质的深入思考。

作为工科专业高年级本科生和研究生提示工程导论课程的教材，本书旨在帮助学生掌握提示设计的基础知识、方法及实践技能，从而在未来的工程实践中更好地使用 AI 工具，更好和更有效地提出和解决复杂的工程问题，塑造创新思维和提高实践能力。

众所周知，工程教育不仅关乎知识的传授，更要培养学生发现、分析、提出和解决复杂及未知工程问题的能力。在 AI 技术日益发展的背景下，提示工程无疑是一项极为重要的技能。近年来，尽管 AI 技术快速发展，系统讲解提示工程的书籍却寥寥无几，希望这本教材能够引导学生以提示工程为切入点，深入理解 AI 的潜力与局限以及可能带来的风险，培养批判性思维、逻辑思维、创新思维及实践能力，为未来提出和解决复杂的工程问题奠定坚实的基础。

天津大学新工科教育中心主任
顾佩华
2025 年 2 月

前　　言

随着科学技术的飞速发展,特别是人工智能技术的突破和普及,人们获取知识并进行创新的方式正在经历前所未有的变革。《高效对话大语言模型:提示工程与提出问题》这本教材的编写,正是基于这样一个前提:在智能时代,有效提问和精准使用提示工程技术,是每一位科研人员、工程师乃至普通学习者必备的技能。

本教材编写的初衷是为读者提供一个关于如何在人工智能辅助下更好地提问和思考的指南。通过对提问的本质、理论基础进行探讨,以及提供提示工程的应用示例,本教材旨在培养读者的批判性思维,提高其解决问题的能力并使其具有创新思维。

选择从提问的角度入手,是因为提问是探索未知、推动知识边界向前发展的第一步。好的问题往往预示着前进的方向和可能的突破。而提示工程则是在大数据和算法模型日益成熟的今天,对话式人工智能实现其功能的重要途径。它不仅能帮助用户更有效地与人工智能系统交互,还能深化用户对问题的理解,拓展解决问题的路径。

人工智能和提示工程正处于不断演进的过程中,本教材第一次出版,难免不够完善,我们已经在规划持续更新和改进。我们期待读者能够积极参与这一进程,通过实践应用和批判性反思,共同推动教材内容的迭代更新。

本教材的每一章都尽力涵盖最前沿的理论与实践内容,从提问的艺术到模型的构建,再到复杂的提示工程技术应用,旨在提供一套既适用于初学者也能给予专业人士一定启发的系统的学习和参考材料。技术的更新换代可能会带来理论和实践的调整,因此需要强调本教材开放性和未完成性的特点,希望每一位读者都能成为这本书的共同作者,通过您的实践经验和宝贵意见,帮助我们不断完善和进步。

在后续版本中,我们将继续跟踪人工智能和提示工程的最新发展,更新和扩展教材内容,以保持其时效性和前瞻性。身处智能时代,让我们一起探索更多的可能,迎接知识的挑战,共同进步!

王凯峰

2025 年 2 月

目　　录

第1章

导论

笔记栏

1.1 提问在研究与创新中的角色

1.1.1 研究的本质与意义

在当今信息爆炸、知识迅速更新的时代，研究成为获取新知识、解决问题和推动社会进步的核心工具。无论是科学分析、技术开发，还是人文学科的探索，研究都为我们提供了一个严谨的方法论框架，帮助我们在复杂的世界中找到清晰的方向。通过研究，我们不仅能回答已经存在的问题，还能揭示未知领域的奥秘，为未来的发展奠定基础。因此，理解研究的本质与意义，不仅是学术追求的需要，也是适应现代社会的必要。

在介绍研究方法和科研思维之前，先要明确“研究的本质与意义”。许多刚进入科研领域的同学往往对研究的真实内涵缺乏深入理解，在科研过程中容易迷失方向，或只关注表面的实验操作和数据分析，而忽略了科学探索的核心。因此，我们需要从“研究是什么”和“研究为什么重要”等问题出发，从哲学和实践两个层面理解研究的本质，建立正确的科研心态和思维方式。

(1)研究是什么

研究是一个通过系统化的方式获取新知识、解决问题或验证假设的过程。它要求研究者在特定的领域内，运用已有的理论和方法，设计实验、收集数据、进行分析，并得出科学的结论。研究的核心在于提出问题、分析问题，并通过严谨的步骤解决问题。

从广义上讲，每个人在日常生活中都在进行某种形式的研究。例如，在面对以下问题时，我们通常会收集信息以做出决策，这个过程就是研究。

问题：我需要选购一台适合学习和工作使用的笔记本电脑。

研究：我在互联网中搜索相关的推荐和测评。

虽然这样的研究与学术研究不同，但同样基于收集的信息来解决问题。当然，学术研究不仅仅是查阅资料或总结已有的观点，它更强调通过批判性思维和科学方法，探索尚未解答的关键问题，或验证现有理论的适用性。在这一过程中，研究者需要保持客观、公正的态度，避免偏见和误导，确保结论的可靠性与有效性。

研究的本质可以从以下方面来理解。

①**探索与发现**：研究的根本动机是对未知的探索。研究者通过观察、实验和分析，揭示自然界和社会中的未解之谜，不断发现新的现象、规律和真理。

②**逻辑推理与系统分析**：研究不仅仅是收集数据或记录现象，更重要的是通过逻辑推理、理论建模和系统分析，揭示事物背后的因果关系。这一过程需要大量的抽象思维和批判性分析，是研究中最具挑战性和创造力的部分。

③**构建知识体系**：研究的目标不仅是解决个别问题，更是构建系统化、连贯的知识体系。研究者通过提出新理论、新模型和新方法，逐步完善人类对世界的认知，为后续研究奠定基础。

因此，研究的本质在于从零散的现象中抽象出普遍规律，并通过系统化的方法构建新的知识体系。这一过程不仅推动了科学的进步，也为社会发展和技术创新提供了重要的理论依据。

（2）研究的意义

科学研究通过知识积累与技术创新，不断推动人类文明向前发展。研究的意义主要体现在以下方面。

①**推动科学进步**：科学研究的核心意义在于拓展人类知识的边界，不断推动各个学科的理论发展。基础科学研究通过提出新的假设和验证新理论，为工程技术和应用科学提供理论支持。例如，量子力学的发展带动了现代物理学、材料科学乃至计算机科学的巨大进步。

②**促进技术创新**：应用研究旨在将基础理论成果转化为实际应用，以解决现实中的具体问题。许多前沿技术，如人工智能、生物工程等，都是在研究成果的基础上发展起来的。科研工作者通过探索和实验，不断开发新的技术和方法，为人类社会的进步提供动力。

③**提升决策与管理水平**：研究还可以为政策制定和管理决策提供科学依据。例如，社会科学研究通过分析数据和建立模型，为政府制定经济政策、社会福利政策等提供支持，帮助优化社会资源的配置和提升公共服务水平。

笔记栏

（3）研究的哲学思考

研究的过程包含着一系列哲学思考，尤其是在面对复杂问题时，研究者必须在**求真**（truth-seeking）和**创新**（innovation）之间取得平衡。

①**求真**：研究的核心目标之一是发现真理，即找到能够解释现象的普遍规律。求真需要研究者具有严谨的科学态度和批判性思维，对实验数据、理论推导保持高度的审慎和质疑态度。

②**创新**：创新是研究的另一个重要目标。仅仅遵循已有理论并不足以推动科学的突破，研究者需要具备创造力和前瞻性思维，提出新的假设，设计新的实验方法，从而超越现有的认知框架。

求真与创新在研究中相辅相成：**求真为创新提供坚实的基础，创新则推动求真过程的持续深化**。求真与创新之间的平衡是科研成功的关键，也是每个研究者在科学探索中需要时刻把握的原则。

（4）研究对个人的提升

对于个人而言，研究不仅是知识积累的过程，更是**思维训练与能力提升的过程**。通过参与研究工作，研究者可以培养以下核心能力。

①**批判性思维**：研究要求研究者对现有知识体系和实验结果保持质疑态度，能够识别潜在的问题和矛盾，从而提出新的研究问题和假设。

②**系统思维**：研究往往涉及多个学科领域和复杂的系统问题，研究者需要具备将不同知识点融会贯通的能力，从整体上理解问题并设计解决方案。

③**终身学习能力**：科学研究是一个动态的过程，研究者需要不断学习新的理论和方法，跟踪学科前沿。因此，研究工作的经历有助于培养研究者的自学能力和终身学习的意识，为其未来的职业发展打下基础。

1.1.2 从兴趣到问题：科研问题的源头

在科研的世界里，**提出好的问题比解决问题更为重要**。无论是初学者还是经验丰富的研究者，科学研究的起点几乎都是**一个深刻的疑问**。然而，提出一个有意义的科研问题并非易事，这需要研究者具备敏锐的观察力、强烈的好奇心以及系统的思考能力。

对于许多研究者而言，科研问题的起源往往与他们的**个人兴趣和好奇心**密切相关。兴趣不仅是研究的动力源泉，也是提出创新性问题的基础。

①**好奇心与探索欲**:研究者的好奇心是驱动科学进步的重要力量。许多伟大的科研发现都源自好奇,比如"为什么苹果会从树上掉下来"引发了牛顿对引力的研究。因此,学生在科研初期应保持开放的心态,鼓励自己提出各种"为什么"的问题,这往往是科研灵感的萌芽。

②**学科兴趣与领域探索**:科研兴趣通常来自研究者对某一学科的热爱和深入学习。在特定领域中,研究者会对某些特定现象、理论或实验结果产生浓厚的兴趣,从而进一步探索这些现象背后的原因。这种由兴趣驱动提出的问题往往更加具体且具有学科深度。

兴趣本身并不足以成为科研问题,研究者需要通过**系统思考和分析**,将兴趣转化为具体和可研究的问题。这个过程可以分为以下几个步骤。

①**观察与思考**:在兴趣的驱动下,研究者在自己的研究领域中,通过观察现象、分析数据或阅读文献,逐步积累对特定问题的理解。在这一阶段,研究者需要保持好奇心和开放的思维,探索不一致的现象、意料之外的结果或尚未解决的挑战。

②**提出初步问题**:基于观察,研究者开始提出初步的问题。这些问题可能是模糊的、广泛的,但它们为后续的研究指明了方向。例如,"为什么某种材料的性能在极端环境下会大幅下降"这类问题通常是最初的思考成果。

③**细化与聚焦问题**:为了将初步问题转化为科研课题,研究者需要对问题进行细化和聚焦。细化问题的过程中,研究者需要结合已有的文献和理论背景,找出问题的核心,并明确其研究范围。例如,上述材料性能问题可以被细化为:"该材料在高温下结构变化的微观机制是什么?"这种具体化的问题更易于设计实验和开展研究。

在具体研究实践中,科研问题的来源非常广泛,下面是几类常见的科研问题来源,可以帮助读者理解如何从不同角度提出问题。

①**现实世界的挑战和需求**:许多应用型科研问题来自现实世界的挑战和需求。例如,气候变化引发人们对碳捕集技术的研究,流行性疾病的暴发促使疫苗开发和流行病学研究进一步发展。研究者可以从社会问题、产业需求、技术瓶颈等实际挑战中寻找科研课题。

②**现有理论的局限性**:理论问题常常起源于现有科学理论的局限

笔记栏

性。例如，经典力学无法解释光传播的特殊性质，从而推动了相对论的发展。研究者通过分析理论模型的不足，提出新的假设和问题，从而推动理论进步。

③**学科交叉与创新灵感**：跨学科研究是新问题的重要来源。通过结合多个领域的知识，研究者可以发现单一学科无法察觉的新问题。例如，生物医学工程结合了生物学与工程学，提出了针对疾病检测和治疗的新方法。

④**文献综述与研究趋势**：系统性的文献综述是发现科研问题的重要途径之一。研究者通过回顾领域内的最新进展，可以识别出尚未解决的关键问题和潜在的研究空白，并基于此提出新的科研课题。

科研思维的核心在于**问题导向思维**与**探索性思维**。研究者应时刻保持批判性思维，对现有理论和实践保持质疑的态度，并在观察和实验中寻找新的突破点。

①**问题导向思维**：在科研过程中，问题是驱动一切活动的核心。在设计实验、分析数据和撰写论文时，研究者需要始终围绕所提出的核心问题展开，而不是被数据表象左右。

②**探索性思维**：探索性思维强调在面对不确定性时保持开放心态，勇于尝试不同的思路和假设。许多重要的科研突破都源自意外发现，研究者应具备敏锐的洞察力和探索精神。

1.1.3　提问驱动的创新

提出问题，是创新的起点。科学研究和技术创新的核心在于不断发现问题和解决问题，而其中，**提问**作为一种探索和认知的工具，起到了至关重要的作用。无论是在基础科学还是应用技术领域，真正的创新往往源自一个深刻的问题，这个问题不仅揭示了已有知识的局限性，也为探索未知领域打开了大门。

提问不仅是科研工作的起点，也是贯穿整个科研过程的核心活动。**科学研究的每个阶段都依赖于不同类型的问题**，而研究者通过不断提出问题、解答问题，实现从发现到创新的飞跃。

①**提出假设与设计实验**：在科研设计阶段，提问能够帮助研究者找到合适的研究假设。例如，在药物研究中，提出“这一成分能否抑制癌细

胞增殖”这一问题，直接指引实验设计的方向。提出的问题越具体，就越容易转化为可操作的实验假设。

②**分析数据与解释结果**：实验结果的解读也离不开提问。研究者面对实验数据时，通常会问：“这一结果是否符合预期？”“是否存在未考虑的变量的影响？”通过探讨这些问题，研究者可以更好地理解实验现象，并发现潜在的创新点。

③**验证与应用创新**：在研究的后期，研究者需要对创新的理论或技术进行验证。此时，提问则变为：“如何验证这一假设的普适性？”“这一新方法能否在其他场景中应用？”这些问题帮助研究者评估创新成果的价值与应用潜力，推动理论和技术进一步发展。

创新的思维模式与提问密切相关。善于提问的研究者通常具备**批判性思维**，能够进行**系统性思考**和**创造性想象**，这三者相辅相成，共同推动了科学创新的发展。

①**批判性思维**：批判性思维是创新思维的核心，它要求研究者不断反思现有的知识体系，提出疑问并寻找改进的可能性。例如，达尔文的进化论是对传统生物学理论的质疑，其通过批判性思维提出了“自然选择”这一全新观点。

②**系统性思考**：创新需要研究者具备系统性思考的能力，即能够从多个角度看待问题，提出综合性的研究思路。例如，人工智能的许多突破性发展都源于跨学科的系统性思考——神经科学、计算机科学和统计学的结合带来了新的算法和模型。

③**创造性想象**：创造性想象是突破性问题的重要来源。研究者通过创造性想象，针对未知领域提出新的假设和理论，激发创新。例如，图灵在计算机发明之前，便通过创造性想象提出了“图灵机”的概念，为现代计算机理论奠定了基础。

1.2　人工智能与大语言模型

1.2.1　浅谈人类智能与人工智能

人工智能是一种使计算机和机器能够模拟人类智能、具备解决问题

笔记栏

能力的技术。随着人工智能技术的不断创新突破，自然语言处理技术也发生了翻天覆地的变化。以 ChatGPT 为代表的人工智能产品的出现，正在刷新人类对人工智能技术的认知。面对人工智能技术的迭代发展，正确看待人类智能与人工智能的区别和联系显得格外重要。

(1)什么是人类智能

人类智能(human intelligence, HI)是指人类在认知、感知、学习、推理、决策等方面的能力。通常意义上讲，“智”主要是指人对事物的认识能力；“能”主要是指人的行动能力，包括各种技能。人类的“智”和“能”是结合在一起而不可分离的，人运用自己已有的知识和经验来学习新知识、新概念，并且把知识和概念转化为解决问题的能力。人类智能的分类如表 1-1 所示。人类意识的基础可以看作因果链的延伸，呈现出一种一维的形式。由于大脑容量有限，人类的短期记忆存储能力通常被认为最多可以处理 7±2 个信息单元，也就是说人类通常只能在同一时间集中思考大约 7 个不同的念头。然而，实际上这种“一心二用”类似于多线程之间的调度，依然遵循线性的时间链条。人类智能基于大脑的复杂性，涉及情感、直觉和创造性思维，具备高度的灵活性和社会交互能力。人类的劳动、学习和语言交往等活动都是“智”和“能”的统一，是人类独有的智能活动。在人类的所有智能活动中，语言是最高层次的抽象表达形式。

表 1-1　人类智能的分类

人类智能的类型	定义
语言智能(linguistic intelligence)	有效地运用口头语言或文字表达自己的思想并理解他人，灵活掌握语音、语义、语法，具备用言语思维、用言语表达和欣赏语言深层内涵的能力并且能将它们结合在一起并运用自如
数学逻辑智能(logical-mathematical intelligence)	有效地计算、测量、推理、归纳、分类，并进行复杂数学运算的能力。这项智能包括对逻辑的方式和关系、陈述和主张、功能及其他相关的抽象概念的敏感性
空间智能(spatial intelligence)	准确感知视觉空间及周围一切事物，并且能把所感觉到的形象以图画的形式表现出来的能力。这项智能包括对色彩、线条、形状、形式、空间关系的敏感性

笔记栏

续表

人类智能的类型	定义
身体运动智能（bodily-kinesthetic intelligence）	善于运用整个身体来表达思想和情感，灵巧地运用双手制作或操作物体的能力。这项智能包括特殊的身体技巧，如平衡、协调、敏捷、力量、弹性和速度，以及由触觉引起的能力
音乐智能（musical intelligence）	能够敏锐地感知音调、旋律、节奏、音色等的能力。这项智能使人对节奏、音调、旋律或音色敏感，与生俱来就拥有音乐天赋，具有较高的表演、创作及思考音乐的能力
人际智能（interpersonal intelligence）	能很好地理解别人和与人交往的能力。这项智能使人善于察觉他人的情绪和情感，体会他人的感觉和感受，辨别人际交往中的暗示以及对这些暗示做出适当的反应
自我认知智能（intrapersonal intelligence）	进行自我认识，具有自知之明，据此做出适当行为的能力。这项智能使人能够认识自己的长处和短处，意识到自己的内在爱好、情绪、意向、脾气，自尊自爱，能够进行独立思考
自然认知智能（naturalist intelligence）	善于观察自然界中的各种事物，对物体进行分析和分类的能力。这项智能使人有着强烈的好奇心和求知欲，有着敏锐的观察能力，能了解各种事物的细微差别

（2）什么是语言

语言是思维的工具和物质外壳，二者密不可分，这一点已经成为共识。我们知道自己是人，便是从语言的概念认知开始的。因为语言，世界有了清晰的外在面貌。语言编织了万千世界，用概念和意义符号架构出世界的秩序。思维的概念及其逻辑依赖语言生成。

人类的语言是一套复杂的符号系统。换句话说，人类用来交际的不是实实在在的事物，而是代表事物的符号。符号的最大特点就是主观性或者说任意性。我们常说玫瑰代表爱情，其实玫瑰与爱情这两者之间并不存在必然的联系（玫瑰的自然属性不包括代表爱情），只是我们人为地主观赋予了这种联系，并且使之成为整个社会的一种约定俗成。

从这个角度看，人类语言是对现实世界的符号化编码。然而面对大致相同的现实世界，各民族乃至各村落的人们却可以使用完全不同的编码来表述他们的世界，并被同母语者正确解码。动物的交流方式恐怕不具有这种特性，因此动物的“语言”是信号，而非符号，符号系统是理智的、高层次的信息传输形式。

笔记栏

(3)人工智能时代的语言

语言是人类与其他动物最重要的区别,而人类的多种智能也与此密切相关。逻辑思维以语言的形式表达,大量的知识也以文字的形式记录和传播。在人工智能时代,互联网上已经拥有数万亿以上的网页资源,其中大部分信息都是以自然语言描述的。因此,人工智能算法如果想要获取知识,就必须懂得如何理解人类使用的不太精确、可能有歧义、混乱的语言。

语言智能是当前人工智能研究最为关键的核心技术之一。简单来说,语言智能,就是语言信息的智能化,是运用计算机信息技术模仿人类的智能,分析和处理人类语言的科学。语言智能可以被理解为"使用基于自然语言的概念对经验事物进行'理解'以及在概念之间进行'推理'的能力"。无疑,人类是目前已知的唯一具备这种高级的抽象与理解能力的生物。从另一个层面来说,语言智能也是将人类从动物中区分出来作为一种"智慧物种"的标志能力之一。人工智能的语言智能是语言文字信息技术创新发展的时代产物,它基于人脑生理属性、言语认知路径、语义生成规律,利用大数据与人工智能技术对语言信息进行标注、抽取、加工、存储和特征分析,构拟人机语义同构关系,让机器实施类人言语行为,即让机器说话、写作、翻译、评测,实现人机语言交互。目前,人工智能的语言处理能力已经从简单的模式匹配和规则系统,发展到复杂的深度学习模型,如大语言模型(large language model, LLM)。这些模型能够处理自然语言的复杂性,执行机器翻译、文本摘要、情感分析、聊天机器人对话生成等任务。人工智能语言的研究不仅涉及计算机科学,还涉及语言学、认知科学和心理学等多个领域,旨在创建能够以自然、流畅的方式与人类交流的智能系统。

(4)人类智能与人工智能

人类智能与人工智能的主要区别之一在于所擅长的任务不同。人工智能通常在执行重复性任务时表现出色,特别是当任务的边界明确且能够用数据来表示时。然而,当任务信息不完整,需凭借直觉做出决策时,AI往往表现得较为糟糕。例如,在图像识别领域,若提供充足的标记图像以及深度神经网络和深度学习算法的基本结构,AI能够通过复杂的数据对比，识别出不同类型对象之间的关联和模式，从而有效标注以前未见过的图像中的对象。然而，一旦AI模型遇到超出其训练数据范围的情境，或者接收到与训练数据不符的新数据时，它们可能会以一种不合逻辑的方式失效。如果任务范围扩大，AI所需处理的数据量增大，会使得一些未被训练数据覆盖的边缘案例浮现，最终可能导致系统的失败。

相比之下，人类智能更适合处理需要常识和抽象决策的任务。在面临需要进行大量实时计算和数据处理的任务时，由于人类在知识储备和处理信息方面不够优秀，会导致任务结果表现较差。比如，对于一首歌的歌词，人类通常需要反复聆听才能记住，而对计算机而言，存储这首歌的歌词只需在文件管理系统中点击"保存"或将文件保存到硬盘这么简单。类似地，忘记对人类而言并不能轻松自如地控制，尽管尽力而为，一些不重要的信息依然会留存在脑海中。而对于计算机来说，忘记某些数据是非常简单的。尽管人类在记忆和数据处理方面存在局限性，却能够依赖本能和常识，在信息不完全或稀缺的情况下做出抽象判断。举例来说，孩子们在很小的年纪就能学会如何整理物品，而对人工智能而言，要完成类似的任务，往往需要数年的训练。

诚然，现在人工智能可以做越来越多的事情，它们的逻辑也变得更为复杂，它们有能力去应对更复杂的情况，处理更多的变量参数。但是人工智能和人类各自的强项体现在不同的领域，二者之间相辅相成，可以一起完成各自无法单独完成的任务。这意味着人工智能与人类智能之间应当是共生关系，而不是竞争关系，我们应该将AI视为增强人类智能的工具。随着人工智能能够处理的任务越来越复杂，作为人类，我们将有更多的时间把我们的智慧用于具有创造性、社交性、艺术性的活动中，未来将由人工智能和人类智能共同构建。

1.2.2 人工智能与大语言模型的发展

人工智能技术的起源可以追溯到20世纪50年代。1950年，英国数学家图灵声称机器能够思考，并设计了"图灵测试"作为验证方法以佐证这个观点，这被认为是首次提出人工智能概念。1956年，达特茅斯会议召开，正式向世界介绍了人工智能的概念。会议讨论了机器能否像人类

笔记栏

一样学习和发展，并首次使用了“人工智能”这一术语。当人工智能的概念提出后，发展出了符号主义、连接主义，并相继取得了一批令人瞩目的研究成果，如机器定理证明、跳棋程序、人机对话等，掀起人工智能发展的第一个高潮。尽管这些早期的研究成果引发了公众的期待，但由于计算能力、逻辑和数据缺乏等方面的限制，人工智能的研究很快就停滞不前。20 世纪 80 年代出现了专家系统，人们开始认识到 AI 需要具备学习和自我适应的能力。它可以根据人类输入的规则自动做出决策，并在医学、法律和零售业等实用领域发挥诊断、分类和分析等功能，这暂时性地再度引起了人们对人工智能的关注。然而，该系统的局限性在于仅依赖人工设定的规则运行，缺乏理解现实世界的复杂性的能力，因此其发展受到了限制。20 世纪 90 年代，得益于互联网的出现和发展，AI 领域的研究重点转向了由数据驱动的机器学习方法，这使得 AI 能够根据网络中的大量数据进行自主学习和推断。进入 21 世纪，智能手机和物联网（internet of things，IoT）的发展催生了大数据（big data）的概念，现实世界中可实时收集的数据越来越多，数据模式的转变极大地加快了深度学习的发展，进而引发了 AI 领域新一轮的技术革命，使得 AI 在处理大规模数据集、图像识别等领域取得了显著的成果。2016 年，谷歌（Google）DeepMind 所开发的人工智能 AlphaGo 以 4 胜 1 负的比分战胜了围棋大师李世石就是一个典型的例子。“战胜人类的 AI”的问世，也标志着新的人工智能时代正式到来。

大语言模型是近年来人工智能与自然语言处理（natural language process，NLP）领域内的一项重要进展。本质上，它是一种由包含数百亿以上参数的深度神经网络构建的语言模型，使用自监督学习方法在海量的无标注文本数据中进行训练以学习语言知识和世界知识。当前，大语言模型正在逐渐改变我们与数字世界的互动方式，它可以生成文本和进行对话，及至完成更为复杂的任务，如文本摘要、机器翻译和情感分析等。从技术上来讲，语言模型是通过建模词语或句子间的依赖关系来实现的，具体是对单词序列的生成概率进行建模，以进行预测或补充缺失。如图 1-1 所示，语言模型技术主要经历了四个发展阶段。

笔记栏

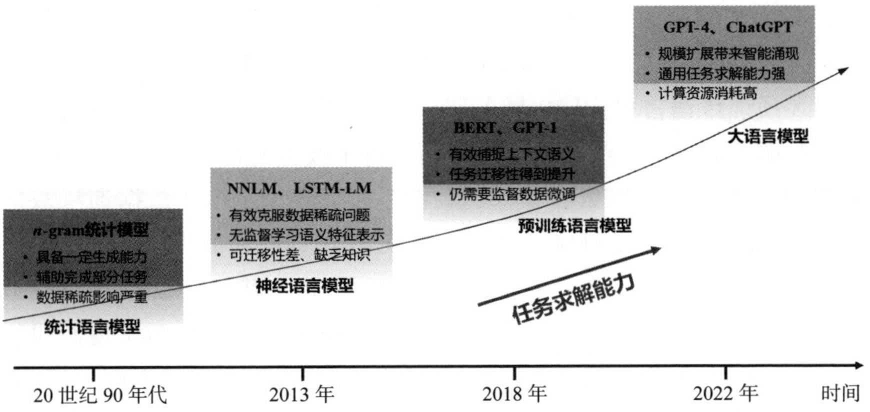

图 1-1　语言模型技术发展阶段

①**统计语言模型（SLM）**：早期的语言模型研究可以追溯到 20 世纪 90 年代的统计语言模型。其基本思想是基于马尔可夫假设，构建单词预测模型，例如根据最近的上下文预测下一个单词。固定上下文长度为 *n* 的 SLM 通常称为 *n*-gram 语言模型，如 bigram 和 trigram 语言模型。SLM 已被广泛应用于信息检索和自然语言处理任务等领域的早期研究工作中。然而，对于高阶统计语言模型来说，这类模型极易受到维数灾难（curse of dimensionality）的影响。为缓解数据稀疏性问题，需要设计相应的平滑策略。然而，平滑策略对高阶上下文的刻画能力仍然较弱，无法精确建立复杂的高阶语义关系。

②**神经语言模型（NLM）**：2013 年，Google 提出了一种基于循环神经网络（RNN）的语言模型，称为神经网络语言模型（neural network language model，NNLM）。这种模型通过嵌入层将输入的固定长度前文单词序列转换为连续向量，然后利用一个或多个隐藏层学习这些向量的语言结构，最后由输出层输出下一个单词的概率分布，以最大化给定前文条件下的单词预测准确性。相比传统的基于统计的语言模型，神经网络语言模型具有更好的泛化能力和更低的计算复杂度。这也开启了使用语言模型进行表示学习（超越了单词序列建模）的时代，对 NLP 领域产生了重要影响。然而，由于 RNN 存在梯度消失和梯度爆炸等问题，限制了模型的深度和规模，随后，Google 于 2014 年又提出了一种基于长短期记忆网络（LSTM）的语言模型，称为长短期记忆网络语言模型（LSTM-

笔记栏

LM）。这种模型通过门控机制解决了 RNN 的梯度问题，并能够捕捉更长时序的依赖关系，因而在多个语言建模任务上性能显著提升。

③**预训练语言模型（PLM）**：与早期的词嵌入模型相比，预训练语言模型在训练架构与训练数据两个方面进行了改进与创新。ELMo 是一个早期的代表性预训练语言模型，提出使用大量的无标注数据训练双向 LSTM（bidirectional LSTM，biLSTM）网络，预训练完成后所得到的 biLSTM 可以用来学习上下文感知的单词表示。进一步地，ELMo 可以根据下游任务数据对 biLSTM 网络进行微调（fine-tuning），从而实现面向特定任务的模型优化。然而，传统序列神经网络的长文本建模能力较弱，并且难以并行训练。2017 年，Google 再次推出一种基于注意力机制（attention）和自编码器（autoencoder）的 Transformer 模型。这种模型摒弃了 RNN 和 LSTM 的循环结构，通过注意力机制直接建立输入序列中任意两个位置之间的联系，并在并行计算和长距离依赖等方面具有明显的进步。2018 年，Google 基于 Transformer 模型进一步提出 BERT（bidirectional encoder representations from transformers）模型，开启了预训练模型的时代。BERT 模型采用双向 Transformer 结构，通过在大规模无标注文本上进行掩码语言建模和下一句预测两种任务的预训练，得到一个通用的语言表示模型，然后根据不同的下游任务进行微调，从而实现端到端的迁移学习。2019 年，OpenAI 提出了一种基于 Transformer 模型和预训练-微调框架的生成式预训练模型，称为 GPT（generative pre-trained transformer）。GPT 通过在大规模无标注文本上进行单向语言建模（unidirectional language modeling）任务的预训练，生成具有连贯性和逻辑性的文本。自此，以 ELMo、BERT、GPT-1 为代表的预训练语言模型确立了“预训练—微调”这一任务求解范式。

④**大语言模型**：研究人员发现，规模扩展（如增加模型参数规模或数据规模）通常会使下游任务的模型性能提升，这种现象通常被称为“扩展法则”。随着计算机科学技术的发展，一些研究工作尝试扩展参数规模以训练更大的预训练语言模型，来探索语言模型性能提升的极限。在模型规模达到某个值（大模型奇点）之前，增加参数数量带来的性能提升相对较小，效果基本上等同于随机，而在超过该阈值后，参数数量的增加则会显著改善语言模型的性能。然而突破大模型奇点之后，增加参数量或

者扩充预训练语料带来的性能提升是有限的，更多需要的是高质量和多样化的指令数据来提升它的泛化能力。在没有专门训练过的情况下，大语言模型也可以泛化到新的、未知的多模态数据样本上，这样就可以从原始数据中发现新的特征和模式。这一能力也被称为涌现能力（emergent abilities）。为了区别这一能力上的差异，学术界将这些大型预训练语言模型命名为大语言模型。

通过回顾语言模型的发展历程，可以看出大语言模型技术并不是新近产生的，而是经历了多年的演进和发展。从早期以自然语言建模和生成为主要任务的统计语言模型，到当前用于复杂任务求解的先进大语言模型（如 GPT-4 等），科研人员进行了一系列技术探索，从而实现了语言模型任务范围和性能的显著提升。从语言建模到任务求解，这是人工智能科学思维的一次重要跃升，也是理解语言模型前沿进展的关键所在。

1.2.3　常见的 AI 大语言模型

2022 年末，人类迎来了人工智能技术的巨大变革。OpenAI 推出了一个由 GPT-3.5 系列大语言模型微调而成的全新对话式 AI 模型 ChatGPT，它不仅能实现自然的多轮对话和高效的精准问答，还能生成编程代码、电子邮件、论文、小说等各类文本。AI 大语言模型瞬间引发了全球热潮，这标志着生成式人工智能时代的开启。近年来，许多公司和机构都开发了自己的大语言模型，包括 Anthropic 的 Claude、Google 的 Gemini、月之暗面的 Kimi、百度的文心一言、阿里云的通义千问等。这些 AI 大语言模型渗透到了曾被视为人类独有的“创作”领域，它们能够生成各种格式的高质量内容，并以前所未有的速度和智能，改变着人们的工作和生活方式。表 1-2 总结了国内外不同 AI 大语言模型的基本信息，包括推出时间、主要特点、所属机构等。

表 1-2　不同 AI 大语言模型的基本信息

模型名称	推出时间	主要特点	所属机构
ChatGPT-4o	2024 年 5 月	全能性和多模态交互能力强，响应时间短，支持多语言	OpenAI

笔记栏

续表

模型名称	推出时间	主要特点	所属机构
Claude 3.5 Sonnet New	2024 年 10 月	新增计算机操作能力,视觉理解、推理能力、代码开发效率多模态等核心能力强	Anthropic
Gemini 1.5 Pro	2024 年 9 月	在处理大量数据集和理解复杂的多模态信息方面表现出色,非常适用于需要理解长上下文的情境	Google DeepMind
GLM 4 Plus	2024 年 8 月	更全面的语言理解能力,更准确的指令遵循能力,更精准的长文本处理能力	智谱 AI
文心一言 V4.0	2024 年 9 月	在数据和知识融合学习方面有优势,更适合中文语境下的信息获取和灵感创作	百度
Qwen 2.5	2024 年 5 月	中文领域的理解、逻辑推理和指令遵循能力强	阿里巴巴
Kimi 探索版	2024 年 10 月	支持长文本处理,尤其是中文方面;具备 AI 自主搜索能力	月之暗面
Llama 3.2	2024 年 7 月	支持长文本处理,适用于编写摘要、指令遵循和在边缘本地执行重写任务等	Meta

注:统计信息截至 2024 年 10 月。

目前,国内外大语言模型的发展和模型版本的更新非常迅速,但由于当前大语言模型的底层技术体系相对稳定,因此各模型、各版本对人类指令的理解有较大的相似性。此外,提示工程技术通过试错迭代找到最优提示结构,并不依赖特定模型内部的差异。因此,本书所提及的各类提示词设计技巧与提示工程技术适用于当前大部分的大语言模型。值得注意的是,这些技巧和方法在不同大语言模型中对输出内容的提升效果可能会有所不同。本书主要使用 ChatGPT-4o、文心一言 V4.0 等大语言模型生成相关示例,用于说明不同提示词与提示工程技术对大语言模型能力的提升,并在部分例子引用或参考了国内外的相关研究成果。

1.2.4 AI 大语言模型的特点与挑战

随着人工智能技术的快速发展,大语言模型在自然语言处理领域的应用和影响力迅速扩大。它们不仅继承了传统语言模型的基本构建理

笔记栏

念，还在知识掌握、任务求解、推理能力等方面实现了质的飞跃。不同于以往的专用模型，大语言模型通过大规模数据预训练和特定的技术微调，具备更为广泛的适用性和任务适配能力，能够有效应对复杂多样的任务需求。下面将概括性地介绍大语言模型的能力，以便更全面地理解其作为新一代智能模型的独特优势和技术价值。

①**丰富的世界知识**：大语言模型在海量文本数据上进行预训练后，具备较为广泛的世界知识，这使得它们在很多任务中能够理解和运用背景信息。与早期的小型模型相比，大语言模型的知识覆盖面更为广泛。

②**通用任务求解能力**：通过预测下一个词元的学习方式，大语言模型具备通用的任务解决能力，适用于情感分类、知识推理、数值计算等多种任务。这种通用性意味着大语言模型可以适配多种任务需求，从而在研究中逐步替代传统的专用任务模型。

③**复杂任务推理能力**：大语言模型展示出较强的复杂推理能力，能够处理知识关联性高的推理问题以及复杂的数学推理。在一些特定应用场景中，其推理能力显著优于传统的模型方法。

④**人类指令遵循能力**：通过指令微调和提示学习技术，大语言模型能理解并执行人类通过自然语言表达的任务指令，为人机交互中的自然任务解决提供了通用路径。

⑤**人类对齐能力**：为提升模型的安全性和实用性，大语言模型通过人类反馈的强化学习等技术，逐步建立了符合人类价值观的输出标准，避免生成有偏见或有害内容。

⑥**工具使用能力**：为了弥补在数值计算和实时信息上的不足，大语言模型可以学习调用计算器、搜索引擎等外部工具，这扩展了它们在多样化任务中的适用性和表现力。

尽管大语言模型展现出了令人惊叹的能力，但它们仍然存在一些固有的局限性。理解这些局限性可以为有效使用和增强大语言模型提供很好的支撑。

①**"幻觉"问题**：模型可能会生成看似合理但实际上并不准确的信息。基于海量数据训练的大模型，其生成的内容能够符合语言规则，且生成的内容与人类的偏好对齐，但在事实性、时效性和数据准确性方面存在很多问题。例如，一个大语言模型可能会自信地编造一个不存在的

笔记栏

历史事件，或者为一个虚构的科学理论提供详细的解释。

②**输出可解释性问题：**大模型本质上是一个基于深度神经网络的黑盒语言模型，其能力来源的机理依然不清楚，难以解释。大模型的涌现能力、规模定律、知识表示、逻辑推理能力、泛化能力、情景学习能力等方面仍有待学术界展开进一步研究，以便为大模型的大规模实际应用提供理论保障。

③**输出的随机性和不确定性问题：**大语言模型的输出并非固定的，即使给定相同的输入，模型也可能生成不同的回答。这种特性在某些创新性的任务中可能是有益的，但在需要一致性和可重复性的场景中会造成问题。

总的来说，虽然 AI 大语言模型在当前各个领域的应用中存在巨大的挑战，但也充满机遇。它们不仅推动着 AI 技术的进步，也促进人类对智能本质的深入思考。随着研究的不断深入，我们有理由期待大语言模型进一步改变人类与技术交互的方式，并在解决复杂的现实问题方面发挥越来越重要的作用。

1.3 提示工程：与大语言模型对话的艺术

1.3.1 提示工程的兴起与演变

在很长一段时间内，人类作为唯一的智能体，不需要考虑跨不同智能体间的沟通问题。但在人工智能的新时代，首先要解决的就是沟通桥梁的问题。当前的 AI 大语言模型大多是一个“黑箱”，即将人类的输入糅合为一个新的本体，但我们并不了解这个本体中间的细节，只能通过对话的方式来进行信息交互。随着对 AI 的需求不断增长，为 AI 模型提供信息的能力也变得同样重要。作为人工智能领域的一个新兴分支，**提示工程（prompt engineering）**旨在设计和优化输入**提示词（prompt）**，以最大限度地引导生成式 AI 大语言模型生成期望的输出（图 1-2）。它的**核心概念是在生成任务中引入明确的提示信息，以指导模型的输出**。提示词是人类与大语言模型交互的一种媒介，被视为一种基于自然语言的编程语言。它可以帮助大语言模型理解人类的意图，并生成符合人类要

笔记栏

求的输出。精心设计的提示信息,可以提高大语言模型的性能,使其生成更准确、更相关的输出,从而增强大语言模型的表达能力和应用效果。同时,提示信息可以拓展大语言模型的应用范围,使其能够适用于新的领域和任务,进一步发挥其潜力和价值。此外,通过研究提示信息的效果,我们可以更好地理解大语言模型的工作原理,并改进大语言模型。

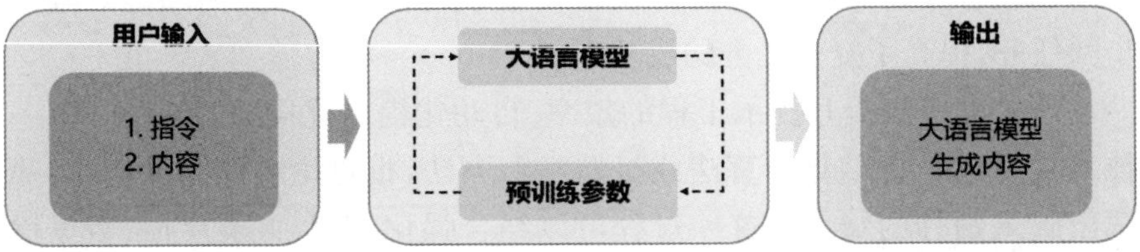

图 1-2 提示工程工作原理

提示工程概念的萌生可以追溯到早期的自然语言处理任务。在这些任务中,模型常需要根据特定的指令或上下文生成预期的输出。而传统的深度学习模型在处理类似的任务时,往往需要利用大量的标注数据进行训练,从而在新任务上微调。然而,伴随语言模型在规模参数上的扩展,人们逐渐发现这些模型具备了一定的任务迁移能力。也就是说,通过一个简单的自然语言提示,语言模型即可执行相应任务,而无须为每项任务进行微调。提示工程由此逐步形成,以构造简单而精确的指令或问题来引导模型输出最优结果。

大语言模型的问世带来了少样本学习(few-shot learning)和零样本学习(zero-shot learning),这进一步加速了提示工程的演变。少样本学习指的是模型能够利用少量任务示例来完成特定任务,而零样本学习则是指模型仅通过任务描述即可生成相应答案。为实现少样本和零样本学习,用户可以在提示中加入特定格式的范例或任务说明,帮助模型“理解”任务目标。这种提示设计方式启发了提示工程在任务适配上的应用,人们开始尝试不同的任务提示模板,从而为模型提供更有效的输入方式。

最初的提示工程技术多以手工方式进行,研究人员和用户根据经验不断调整提示内容。然而,由于模型的生成模式存在一定的不确定性,手工提示往往需要耗费大量时间。为了提高效率,提示工程逐渐走向系

笔记栏

统化,即借助科学的实验方法,通过多次测试和数据积累,确定最佳的提示设计方案。对于一些常见任务,研究人员通过创建通用提示模板,积累一些通用的提示策略或通过加入关键词以提高模型输出的精确度。同时,提示工程技术也从简单的提示语句转向结构化提示,尤其是在复杂推理、代码生成等任务中,逐渐形成了多步骤、分层次的提示模板。这种结构化和系统化的提示使得模型在生成过程中可以更清晰地处理多步骤任务,提高了复杂任务的成功率。

为了进一步提升提示工程的效率,自动化提示优化随之兴起。这一技术主要通过自动化的算法或机器学习方法,批量生成和测试提示,筛选出效果最佳的输入。这一过程可以结合强化学习、人类反馈、数据增强等方法来优化提示,使得大语言模型能够在大量任务中保持较高的准确性和一致性。自动化提示优化显著减少了人工提示设计的时间投入,使得模型的任务适配性进一步增强。一些研究人员甚至尝试通过对模型生成的提示进行分析和迭代,自动构建出高质量的提示集,以用于特定领域或特定任务。结合提示优化的反馈回路,自动化提示优化逐渐成为提示工程中高效提升模型性能的一项核心技术。

本书第 4 章将探索各种提示工程技术,并讨论不同类型的提示,以及如何使用它们来实现特定的目标。

1.3.2 提示工程的重要性及其在科学研究领域中的应用

在人机交互中,语言扮演着核心媒介的角色,而提示词则是语言在人工智能领域的具体应用形式。提示词是人与 AI 交流的方式,本质上与人和人的交流方式一样,语言在人类社会中的重要性,造就了提示工程不可或缺的特性。

虽然现在的大语言模型能够很好地回答用户的提问,但它们实际上并没有真正“理解”人类语言的深层含义。这是因为这些模型是基于统计学和概率论原理构建的,它们依靠分析海量数据来“学习”语言模式,而非深入理解语言背后的真实意图。它们可以模仿人类语言的使用,甚至在一定程度上进行推理和判断,但由于缺乏对实际情境的认知,往往难以真正把握人类表达背后的真实意图。

正因如此,提示工程已经成为扩展大语言模型能力的一种不可或缺的技术手段，具有显著的灵活性、低成本性和高适配性等特点，能够显著提升模型输出的精确性和一致性。它的核心理念在于通过设计和优化输入提示，在不重新训练模型的情况下，激发大语言模型的潜力并引导其产生符合预期的输出。提示工程的重要性和优势体现在以下多个方面。

①**提高模型的输出质量**：提示工程最主要的优势之一在于提高模型的输出质量。不同的提示词对模型输出有显著影响。清晰且结构化的提示词可以显著提升模型的理解力，从而生成高质量的文本。相反，模糊或不当的提示可能导致无关或低质量的结果。通过不断设计和优化提示，用户可以引导模型生成更加符合预期的、连贯一致的内容。这在诸如对话系统、内容创作等领域尤为重要，因为精确的提示设计可以帮助避免不相关或误导性的回答，从而提升用户的使用感受。

②**节省计算资源**：提示工程还具有节省计算资源的显著优势。传统的模型调优往往需要大量的训练数据和计算资源，而提示工程则通过巧妙地构建输入提示来最大化现有模型的能力。在有限的计算资源下，设计优质的提示词可以让模型在最少的推理次数内生成期望结果，从而节省资源和时间。

③**适应不同任务**：提示工程的另一大优势在于其对不同任务的适应能力。提示词工程不仅适用于文本生成，还可广泛应用于各种任务，如代码生成、数据分析、语言翻译等。优化提示词可以帮助模型适应特定任务，提高任务的完成质量和效率。例如，在代码生成任务中，明确指出编程语言、目标函数和使用场景的提示词可以让模型生成更为精确的代码；在数据分析中，通过合理构建提示，可以引导模型发现数据中的重要模式或趋势。提示工程针对各种特定领域提供了灵活的手段，使得大语言模型的能力得以在多样化的场景中充分发挥。

④**成本与技术门槛低**：与重新训练或微调大模型相比，提示工程的成本要低得多，因为它不需要消耗大量的计算资源来调整模型参数，只需通过调整输入提示，便可以改变模型的行为，这也意味着更多的组织和个人可以在有限的预算内使用强大的语言模型。此外，提示工程的学习门槛较低，用户无须掌握复杂的机器学习知识，只需要了解如何设计合适的提示，便可以激活模型的潜力。

笔记栏

总的来说，提示工程技术所展现的巨大优势为大语言模型的应用提供了一个灵活且有效的途径，使得用户可以在日常生活、金融、医疗等各种场景中最大化地发挥这些模型的潜力。在科学研究领域中，大语言模型同样可以成为我们不可或缺的助手。很大部分科研工作，甚至包括一些尖端研究，都涉及乏味、劳动密集和重复性的任务，例如文献综述、数据采集和稿件起草等，利用提示工程技术引导大语言模型生成高质量的输出能够更快地完成这些任务，进而让科研人员能够专注于科研中更具有挑战性的方面。具体而言，提示工程技术在科学研究领域中的应用包括以下方面。

①**文本生成与内容创作**：提示工程技术能够帮助研究人员利用大语言模型生成学术论文初稿、研究报告等内容，并可以根据所输入的主题或关键词总结现有文献，快速提取其中的核心观点。同时，提示工程还能协助改进文本的学术性表达，确保语言专业、严谨，符合学术论文的规范要求。

②**数据分析与数据生成**：提示工程技术可以帮助科研人员快速了解数据的分布、变化趋势及异常值，完成数据清洗与预处理，并进行初步统计分析。对于需要生成数据的研究，在样本数据不足或需要测试模型的情况下，提示工程能够根据相应的特征或属性生成模拟数据集。此外，通过有效设计提示，提示工程还能帮助发现数据中的潜在模式或异常，如时间序列中的规律性变化或群体间的差异，为后续的数据分析提供关键的方向性信息。

③**编程和代码生成**：提示工程技术可以生成高质量的数据清洗、特征提取和算法实现代码，简化代码准备工作。例如，通过输入特定需求，可以快速生成数据处理、图表绘制的代码，或优化已有算法的执行效率，更有效地利用计算资源。提示工程还能生成实验自动化脚本，使得研究人员可以在不同参数下快速进行多次实验，节省了反复调整的时间，极大提升了编程效率和代码的准确性。

④**问答与科研支持**：提示工程的问答系统能够快速、精准地为科研人员提供特定领域的知识支持。例如，研究人员可以通过设计提示，获得某学科的背景知识、特定实验方法的使用指南，甚至相关数据分析软件的代码示例。此外，在实验设计方面，提示工程还能让问答系统给出

笔记栏

实验流程建议和变量控制方法。该系统帮助研究人员在科研过程中及时解决实际问题，为科研任务的顺利进行提供了便利和支持，特别是对于跨学科研究而言，可提升知识的获取效率。

作为新兴的人工智能技术，提示工程通过设计和改进AI大语言模型的输入提示，引导模型生成特定的输出。这一技术为AI的实用化和普及化开辟了新的道路，具有广泛的应用前景和巨大的发展潜力。随着提示工程进一步自动化和智能化，它将进一步扩展大语言模型在高复杂度、多任务环境中的应用，使大语言模型在更广泛的场景下展现出卓越的性能和实用价值。

1.3.3 提示工程的挑战及探索

通过优化文本输入使人类与大语言模型进行有效交流，提示工程已成功地在生成式AI领域掀起了浪潮。提示工程在人类意图与机器理解之间建立起一座桥梁。提示工程虽然是一门较新的学科，但它是发挥AI模型（尤其是大语言模型）全部潜力的关键。随着这些模型越来越多地融入我们的日常生活，与其进行有效沟通的重要性，如何强调都不为过。无论是帮助完成日常任务的问答助手、提供客户支持的聊天机器人，还是帮助研究人员的AI工具等，从AI模型处获得的响应的质量都取决于输入的提示。然而，和任何新兴领域一样，提示工程技术也面临着一系列挑战。

在**可适应性**方面，随着人工智能技术的快速发展，未来几代AI系统将变得更加直观，能够更熟练地理解自然语言。这种技术演进可能使提示工程在更智能的AI系统面前变得不再必要。当前的提示设计通常依赖于针对模型特性的优化，但随着AI对用户意图的理解能力的增强，复杂提示可能被更简化的交互形式所取代。同时，不同语言模型对提示的响应方式存在显著差异，进一步限制了提示工程的通用性。在面对未来多样化的AI模型时，如何提高提示工程的适应能力，是一个亟待解决的问题。

在**可持续性**方面，提示工程的有效性在很大程度上依赖于当前技术框架下的特定算法和模型特性。然而，随着AI技术的快速更新迭代，许多现有的提示设计可能在新版本模型中失效。技术的快速更替，使得提

笔记栏

示工程难以在长时间内保持稳定性。此外，提示工程的开发和维护通常需要投入大量的资源，而当模型和应用环境发生变化时，这些投入可能无法持续发挥作用。因此，如何实现提示工程的可持续性，降低其对技术迭代的敏感性，是另一个重要的挑战。

在**可扩展性**方面，提示工程的效果通常依赖于特定模型的算法架构，这种依赖性导致提示的跨平台应用能力受到限制。例如，一个针对GPT-4o 精心设计的提示可能无法在其他语言模型中获得同样的效果。这种局限性制约了提示工程在更广泛的应用场景中的推广。同时，随着AI 应用需求的不断增加，提示工程需要面向不同领域和任务扩展其能力。如何在确保提示效果的同时，实现跨模型、跨任务的扩展，是提示工程必须面对的核心问题。

值得注意的是，上述挑战并不意味着提示工程技术是一个在 AI 时代昙花一现的产物。虽然提示工程在未来可能不会作为一个独立的学科或职业存在，但其核心能力——**理解并引导 AI 的行为**——将继续是AI 领域中不可或缺的重要能力。未来的提示工程技术将围绕以下方面持续发展。

（1）多模态融合的提示词设计

随着人工智能对多模态数据（如文本、图像、语音等）的处理能力不断提升，提示工程将逐步向多模态融合方向发展。设计适配多模态输入的提示词，可以增强模型对复杂场景的理解和提升模型的任务表现。未来，多模态提示工程将推动模型在泛化能力、实时应用和跨模态任务执行方面的显著进步。

（2）自适应提示词设计

自适应提示词设计将成为未来研究的重点方向之一，其通过引入动态算法，让提示词能够根据具体任务、场景或用户需求实时调整。此技术能够减少人工干预，提高提示词优化的效率和精确度，为更复杂的任务提供更精准的支持。

（3）跨学科合作

提示工程的未来更强调跨学科合作，通过结合语言学、认知科学、计算机科学等多个领域的知识，帮助人们更深入地理解提示与模型交互的本质，创造出更符合人类需求的智能系统，为复杂的社会、文化和技术问

笔记栏

题提供更加多样化和高效的解决方案。

(4)跨领域应用

提示工程的未来在于打破领域限制,广泛应用于教育、医疗、法律、制造业等领域,推动跨领域任务的自动化和智能化发展。通过定制化的提示词设计,复杂的跨领域知识将能够被高效集成,从而提升人工智能解决问题的深度和广度。

1.4 提问能力与提示工程

随着生成式人工智能技术的不断发展,掌握一种既具有持久性又能灵活适应多变需求的能力,对充分释放 AI 技术的潜力至关重要。本书基于生成式 AI 的特点与应用需求,更加强调提出问题(problem formulation)与提示工程技巧相结合,以解决复杂问题和应对技术挑战。

提出问题的能力是深度思考和问题分析的综合体现,其核心在于明确地划定问题的焦点、范围以及边界。这种能力要求实践者具备对问题域的深刻理解,同时能够从实际问题出发,将其提炼为人工智能系统能够处理的结构化需求。明确的问题定义不仅能够确保人工智能工具的适用性,还能为后续提出解决策略提供清晰的方向。如果问题的焦点模糊或边界不清,即便引入先进的 AI 工具,也很难保证结果的有效性与针对性。

提示工程则是一门以优化人工智能模型输入为目标的技术,其重点在于通过选择合适的单词、短语、句子结构以及标点符号精确地描述用户需求。这项技术的实施需要实践者深入理解所使用的生成式 AI 模型的语言特性与工作机制,尤其是在任务复杂度较高的场景下,提示的设计更需要极高的语言表达能力和逻辑组织能力。精心设计的提示,可以最大程度地激发模型的潜力,使其生成的内容更加贴合实际需求,达到事半功倍的效果。

提问能力与提示工程在实际应用中并不是孤立存在的,两者相辅相成。提出问题的能力为提示工程奠定了坚实的基础,使得提示设计能够准确聚焦于问题的核心;而提示工程则通过精确的表达形式进一步提高问题解决的效率与质量。如果问题本身没有被清晰定义,即使提示设计

笔记栏

得再复杂，也难以获得令人满意的输出。相反，明确的问题定义不仅能够帮助模型快速聚焦关键目标，还能确保生成式 AI 提供的解决方案在多样性与可行性之间取得平衡。总之，将提出问题与提示工程技术相结合，可以显著提升 AI 技术应用于复杂问题领域的实际表现，并可能是未来驾驭复杂 AI 系统与不确定性环境的关键。

1.5 本书目标

如同蒸汽时代的蒸汽机、电气时代的发电机、信息时代的计算机和互联网，人工智能正成为推动人类进入智能时代的决定性力量。提示词是人工智能时代的编程语言，也是撬动大语言模型生产力的杠杆。掌握正确的提示技巧，就找到了与 AI 大语言模型对话的有效方法，从而能更有效地理解和利用 AI 大语言模型。未来的人工智能与大语言模型将变得更加直观，更善于理解自然语言，因此对提示技术的需求可能会逐步弱化。但是，提出问题、识别问题、分析问题和描述问题的能力的重要性始终不变。本书不仅是一本技术指南，更是一本启发思考的书籍。通过阅读本书，读者不仅能学会如何与 AI 有效沟通，还将培养更严谨的思考方式，从而在技术瞬息万变的数字时代更好、更持续地利用 AI 工具提高工作效率和生活品质。

第2章

提问的本质与理论基础

笔记栏

2.1 问题的分类与层次

2.1.1 基础问题与复杂问题

在科研与创新的过程中,理解和区分**基础问题**与**复杂问题**是有效提问与分析的第一步。**基础问题**通常指的是较为明确、单一、具备直接解答路径的问题;**复杂问题**则涉及多个交互因素,需要更高层次的分析和推理能力。理解这两类问题,有助于科研人员在提问时根据具体情境选取合适的分析策略,并在解决问题时更有针对性地应用提示工程技术。

基础问题一般具备明确的定义和已知的解答路径,其主要特征包括:问题范围较小;知识点相对单一;解答过程较为直接。基础问题通常出现在学习和初期探索阶段,典型例子包括:“某个概念的定义是什么”;“某项工具的基本功能是什么”;等等。这类问题易于使用大语言模型进行直接查询或获取基础知识,可以作为科研过程中获取背景信息和确认基本事实的主要手段。

复杂问题通常包含多层次的因素与不确定性,涉及跨学科知识或需要综合分析。其特征包括:问题范围较大;因素相互关联;答案不唯一或需要进一步推理。复杂问题往往存在于实际科研工作中,涉及系统性思考和深入分析,如:“如何优化一种算法在不同场景中的表现”;“某项技术在特定应用环境下的潜在挑战是什么”;等等。面对复杂问题,提出高质量的引导性提示尤为重要,可以借助逻辑推理和模型思维逐步分解问题并引导大语言模型提供有价值的洞见。

在实际科研中,基础问题和复杂问题并非完全分离,而是存在一定的转换关系。通常情况下,研究者可以通过分解复杂问题,将其拆解为一系列基础问题,从而简化分析和解答过程。例如,针对“设计一种可适应性更强的产品架构”这一复杂问题,可以将其拆解为“什么是可适应性”和“现有的产品架构有哪些不足”等一系列基础问题。通过分阶段提问,可以循序渐进地获得答案,最终形成对复杂问题的整体解决方案。

笔记栏

2.1.2 封闭性问题与开放性问题

在科研与创新过程中，对于不同类型的问题，研究者会采取不同的思维路径。**封闭性问题**与**开放性问题**是两种具有代表性的提问形式，它们对思维模式、创新深度有着显著的影响。深入理解这两类问题，不仅能够帮助科研人员选择合适的研究方法，还能提升提出高质量问题的能力，激发更深层次的创新思维。

封闭性问题通常指那些具有明确答案的问题，其特征包括：问题的范围较为确定；目标清晰；存在固定的解答路径或标准答案。例如，“某个公式的正确表达是什么”和“某种材料的密度是多少”都是典型的封闭性问题。这类问题在科研早期阶段尤其常见，是验证假设和获取基础事实的重要手段。

封闭性问题通常要求研究者进行归纳和运用记忆性思维，其解答过程偏向直线型，往往依赖现有知识和经验。这类问题尽管不一定直接激发创新，但在科学研究中有重要作用：它们帮助研究者确认事实、验证理论，为后续提出更具探索性的问题打下基础。

开放性问题不同于封闭性问题，它们通常没有标准答案或唯一的解答路径，其作用是引导研究者探索未知，提出新观点。这类问题的特征包括：问题范围较广，可能涉及跨学科领域；答案不唯一，且可能随新证据和新观点的出现而改变；需要创新性思维和批判性分析能力。例如，“如何改善现有的产品设计流程以提高适应性”和“某项新技术的潜在应用场景有哪些”等都属于开放性问题。

开放性问题的提出往往依赖于研究者对领域的深刻理解以及对现有知识框架的突破性思考。它们能够激发发散性思维和创造力，是创新过程中的核心驱动因素。这类问题需要研究者具备较强的逻辑推理能力和开放的心态，善于识别问题背后的潜在机会与挑战。

在科研实践中，封闭性问题与开放性问题并不是孤立存在的，而是相辅相成、相互转换。通常情况下，研究者会先从封闭性问题入手，确认基本事实和理论依据，再进一步提出开放性问题，探索新的研究方向和创新点。反之，开放性问题在解答过程中也可能分解为一系列具体的封闭性问题，帮助研究者循序渐进地推进研究。

笔记栏

例如,在研究如何“提高产品设计适应性”这一开放性问题时,研究者可以先提出封闭性问题,如“现有设计评估标准有哪些”和“哪些因素影响了产品的适应性”等。通过回答这些封闭性问题,研究者能够逐步积累知识和信息,为开放性问题的解答提供支撑。同时,研究中产生的新发现也可能引发新的开放性问题,从而开启新的研究思路。

封闭性问题往往引导研究者采用收敛思维,强调对已有知识的理解与应用。开放性问题则倾向于激发发散思维,鼓励研究者突破常规思维框架,提出创新性解决方案。提问方式的选择,直接关系到科研思维的路径与深度。

为了在研究中实现创新,科研人员需要具备在不同思维模式之间灵活切换的能力。在封闭性问题上,研究者应专注于精确性和事实确认;在开放性问题上,则需保持思维的开放性,善于运用推理与想象力,挖掘潜在的创新点。提示工程在这一过程中也能发挥关键作用:针对封闭性问题,提示词设计应侧重于明确具体的目标和限制条件;面对开放性问题,提示词则应更加开放,引导大语言模型生成的回答具有多样化的思路和视角,帮助研究者探索更多的可能性。

开放性问题的提出与解决是科研创新的核心过程之一。从本质上看,创新往往源于对现有知识体系的质疑和对未知领域的探索。研究者通过开放性提问,不断挑战现有认知,寻找新的假设与解释路径。这种提问方式能够引发新的科学假设,催生创新方法与技术,是推动科研进步的重要动力。

因此,在科研过程中,培养提出高质量开放性问题的能力,是研究者迈向创新的关键一步。掌握这一技能不仅能够提升问题分析的深度,还能为后续的提示工程应用打下坚实基础,帮助研究者在人工智能辅助下更好地应对复杂的科研挑战。

2.1.3 科研中的问题分层:理论问题与应用问题

在科学研究中,合理地分层分析问题是解决复杂科研难题的关键步骤之一。**理论问题**与**应用问题**是两类典型的研究问题,它们在研究目标、思维方式、解决方法上存在显著差异。通过区分这两类问题并理解它们之间的关联性,科研人员可以更清晰地制定研究策略,提升研究工

笔记栏

作的系统性和效率。

理论问题主要涉及科学原理、假设和模型的探讨，旨在揭示事物背后的基本规律与机制，例如“某物理现象的数学模型是什么”和“某化学反应的机理有哪些新解释”等。理论问题通常具有以下特征。

①**关注基础理论与学术前沿**：这类问题往往涉及未被充分理解或验证的科学现象，研究者需要在现有理论框架的基础上进行推导和创新，可能涉及建立新的数学模型或提出新的理论假设。

②**强调逻辑推理与数学证明**：理论问题的解答通常依赖于严密的逻辑推理和数学推导，而非简单的实验验证。它们需要研究者具备扎实的理论知识和推理能力。

③**研究成果多为知识创新**：理论问题的研究成果通常表现为新的定理、公式、模型或理论框架，能为后续应用问题的研究提供重要的基础支撑。

理论问题在科研中具有重要的探索性意义。通过解决理论问题，研究者能够扩展知识边界，为学科的发展和技术创新奠定基础。然而，由于理论问题通常涉及高度抽象的内容，其解答难度较大，研究者在思考过程中需要注重逻辑的严谨性和理论的创新性。

应用问题是指针对实际需求和具体情境提出的问题，其目标是寻求可行的解决方案，例如“如何提高某工业设备的生产效率”和“如何设计一款具有高适应性的产品”等。应用问题具有以下特点。

①**以实际需求为导向**：应用问题通常来源于工程、产业或社会中的具体需求，关注的是实际问题的解决和技术的应用。它们需要研究者深入理解实际场景中的限制条件和需求。

②**强调实验验证与实用性**：应用问题的解决方法通常需要经过实验验证，且必须在实际应用中表现出足够的效果和可靠性。因此，研究者在解决应用问题时，往往需要采用实验研究、仿真分析等多种方法进行综合验证。

③**研究成果多为技术创新**：应用问题的研究成果通常表现为新产品、新工艺或新技术，能够直接推动产业发展和社会进步，具有较强的实用价值和市场潜力。

应用问题在科研实践中占据重要地位，尤其在工程技术领域，它们

笔记栏

直接关系到科研成果的转化和应用效益。研究者在处理应用问题时，需要具备将理论知识与实际需求相结合的能力，并能够根据实际情况灵活调整研究思路。

理论问题和应用问题并不是相互独立的，而是紧密相连、相互支撑的。通常情况下，理论问题的研究成果为应用问题提供理论依据和模型支持，而应用问题的解决则反过来推动理论问题的发展。

①在新材料的研究中，首先提出的理论问题可能涉及材料的微观结构模型及其性能预测；而在应用问题上，研究者可能需要根据这些理论模型设计新材料，并进行性能测试和优化。

②在可适应设计研究中，理论问题可能包括建立产品适应性的评价模型和量化方法；应用问题则涉及如何将这一评价模型应用于具体产品设计中，以提升产品的市场竞争力和客户满意度。

这种理论与应用的相互作用构成了科研活动的闭环循环，即“理论创新—应用验证—理论改进—新应用探索”。通过这一循环，科研工作能够不断深化理论研究，同时推动技术创新和应用落地。

在实际科研过程中，合理地对问题进行分层处理并逐步解决，是开展高效研究的基本策略。研究者通常会根据问题的层次和性质，设计出“理论问题—应用问题”的多层次提问框架。这个框架不仅有助于研究者厘清思路，还能为后续提示工程的应用提供结构化的提问基础。

例如，在针对“提高可适应性设计方法”这一课题开展研究时，研究者可以首先提出理论问题，如“如何量化产品的适应性”和“适应性设计评价模型应具备哪些数学特征”。接着，进一步提出应用问题，如“如何应用该评价模型优化具体产品的设计方案”和“设计过程中需要考虑哪些实际限制条件”。

这种分层提问的方式不仅能够帮助研究者系统性地拆解复杂问题，还能促进从基础理论到实际应用的知识转化，是提升科研创新效率的重要手段。

在科研过程中，提示工程能够针对不同层次的问题设计出对应的提示词，帮助大语言模型更好地理解研究者的需求，进而提供有效的支持。

①对于理论问题，提示词应侧重于明确理论假设、逻辑推理和数学模型设计等方面，以引导大语言提出具有理论创新性的答案。

②对于应用问题,提示词应更加关注实际场景、实验方法、解决方案的可行性和实用性,帮助研究者获取实际操作建议和方案优化思路。

通过设计有针对性的提示词,研究者能够在不同层次的问题中获得大语言模型的智能支持,从而提升科研效率,推动理论与应用的双向发展。

2.2 提问与创新思维

2.2.1 批判性思维的培养与训练

批判性思维是科学探索和创新过程中不可或缺的能力,它要求我们不仅要有能力识别、分析和评估信息,还要能够理性地提出问题并做出合理的判断。在培养批判性思维时,研究者需具备一套系统的思维素养,并不断通过练习与实践来强化自己的能力。批判性思维通常涉及以下三个维度。

①**意识到一整套环环相扣的批判性问题**:批判性思维要求我们不仅要接受表面上的结论或观点,还要深入挖掘问题背后的假设、证据和逻辑链条。这一过程要求研究者不仅要意识到问题的多维性,还要具备全面性和批判性思维,认识到每个问题背后可能存在的多种解答与可能性。

②**有能力在适当时机以适当方式提出并回答这些问题**:批判性思维不仅要反思已有的知识,还要主动提出新的问题并进行回答。这意味着,研究者要有判断何时提出问题、如何提出问题以及如何回应他人观点的能力。提问时需要关注问题的时机、表达的方式以及对话中的互动,从而在合适的语境下引导思维的深度与广度。

③**具有强烈的意愿主动提出和运用批判性问题**:批判性思维不仅是一种技能,更是一种态度。它要求研究者始终保持对自身认知的怀疑与评估,在获取新知识时,主动提出问题并进行深思。这种主动性是批判性思维的核心动力,促使我们不断挑战现有的知识体系,并通过批判性的问题推动创新和进步。

批判性思维鼓励我们倾听他人,向他人学习,同时评估他人所表达

笔记栏

的内容是否恰当、合理。对于接收到的信息，我们需要批判性地思考。这种批判性思维要求我们系统地评价接收到的信息，并根据评价结果做出适当的回应。因此，批判性思维是一个双向的过程，既要求我们具备对他人观点的反思能力，又要求我们对自己观点的表达清晰、有力、合理。

在研究与学习的过程中，提问是批判性思维最直接的表现形式。提问不仅能向被问者传达尊重，也能够帮助被问者更加清晰地阐明观点，还能帮助提问者建立更加完整的思维框架。通过提问，研究者可以梳理自己所掌握的知识，发现知识中的空白与不足，进而拓展思维的深度和广度。在这个过程中，研究者需要采用一种“淘金式思维”，即在已知的知识基础上不断提问，获得新的洞察。

批判性思维并不是简单的自我辩护或反驳他人，而是要通过理性的评估和反思，更接近科学真知和理性共识。它要求我们始终保持对自己的初步信念的质疑，并在与他人交流、学习的过程中不断修正自己的观点。批判性思维鼓励我们从多角度审视问题，以期达成理性共识，而非仅仅为了证明自己是对的。

在培养和训练批判性思维时，我们需要具备以下思维素养。

①**自主决断**：批判性思维要求我们具备独立判断的能力，在众多观点和选择中做出合理的决策。这要求我们在面对复杂的问题时，冷静分析，做到既不随波逐流，也不固执己见。

②**好奇心**：批判性思维要求我们从自己狭窄的知识面中解放出来，对身边的一切保持强烈的好奇心。研究者要学会不断地提出问题，并从问题中发掘新的知识和视角。这种好奇心促使我们不断探索、学习和发现，推动思维向更广阔的领域扩展。

③**谦恭有礼**：批判性思维并不意味着盲目反对或挑战他人的观点，而是在认知有限的情况下保持谦逊与开放的态度。每个人的知识和经验都是有限的，因此我们需要通过与他人积极互动，弥补自身的认知空缺。在这种互动中，我们要尊重他人的意见，避免偏见和误解，从他人的经验中汲取智慧。

④**尊重严密的论证**：批判性思维要求我们尊重并重视严谨的论证过程。在面对各种观点时，我们不仅要关注结论本身，更要注重论据的可

靠性和逻辑的严密性。批判性思维要求我们从证据出发，理性地分析问题，避免凭直觉或情感做出判断。

批判性思维是一种社会性活动，它不仅是个体的反思和思考，还与他人之间的互动紧密相关。在提问和回应的过程中，我们需要考虑他人的反应和情感，尊重对方的意见，避免过度质疑或攻击。通过理性互动与交流，批判性思维能够更好地发挥其促进科学创新和理性共识的作用。

批判性思维的培养不仅是一个技能提升的过程，更是对思维方式的重塑。在这一过程中，研究者需要保持主动提问的态度，不断对自身的观点进行反思与修正。同时，保持谦逊的态度与尊重他人，培养全面的思维素养，提升自身的判断力和创新能力。批判性思维的最终目标并非仅为自我辩护，而是为了追求更接近真理的科学认识，为社会进步和知识发展做出贡献。

2.2.2　分阶段提问与探究能力提升

在批判性思维的培养中，提问是研究者推进学术探究的核心工具。通过有效提问，研究者能够逐步挖掘问题的本质，构建系统化的研究思路，并提升科研过程中的创造性和批判性能力。上一节讨论了批判性思维的基本训练方法，强调了分析、评估和推理在科研中的重要性。本节将进一步深化这一思维训练，介绍如何通过分阶段提问来提升研究者的探究能力，并帮助他们掌握系统化的提问策略，以推动学术研究的深入开展。

分阶段提问是一种帮助研究者从简单到复杂、从具体到抽象逐步提升思维深度的策略。每个阶段的提问不仅对应着不同层次的认知挑战，还能够指导研究者明确科研目标，进行系统性的问题探索。在布卢姆的认知领域分类理论中，提问被划分为六个层次：记忆、理解、应用、分析、综合和评价。这一分类为研究者提供了一个循序渐进的思考框架，帮助他们在科研过程中完成从基础的知识掌握到复杂的理论创造与评价。

分阶段提问策略能够引导研究者系统地思考问题，逐步形成完整的研究路径，避免浅层思维带来的误判或局限。掌握根据研究阶段和问题性质进行提问的方法，不仅可以提升思维能力，还能增强研究中的问题

笔记栏

解决能力与创新能力。

（1）提问策略的训练

1）基础阶段：记忆与理解

在科研初期，研究者的主要任务是掌握并理解研究领域的基础概念、理论框架和前人的研究成果。此时，提问的目标是帮助研究者回顾关键概念，并理解其背景与应用场景。下面分别以记忆层次和理解层次为例，提出科研中常见的几种问题。

a. 记忆层次

"什么是（某个概念）？"

"（某项研究）的主要发现是什么？"

"哪些学者提出了（某个理论）？"

b. 理解层次

"如何解释（某个概念）的核心思想？"

"为什么（某个理论）能够解释（某种现象）？"

"（某种方法）的基本原理是什么？"

通过这一阶段的提问，研究者能够梳理已有知识，形成对研究问题的初步理解，为后续的分析与应用打下基础。

2）进阶阶段：应用与分析

进入科研的深入阶段后，研究者需要将已有知识应用到实际问题中，并对复杂现象进行系统分析。此时的提问不仅旨在帮助研究者验证理论的适用性，还鼓励他们挖掘现象背后的深层次原因，推动研究思路的进一步发展。下面分别以应用层次和分析层次为例，提出科研中常见的几种问题。

a. 应用层次

"如何利用（某个理论）解释当前研究中的（某个现象）？"

"在（特定情境）下，如何应用（某种分析方法）？"

b. 分析层次

"哪些因素可能影响（研究结果）的可靠性？"

"能够指出（某项研究）中的关键假设及其局限性吗？"

"如何分解（某个复杂问题）并识别其核心部分？"

这一阶段的提问帮助研究者将理论知识与实际研究问题结合，并提升其分析问题、识别关键变量的能力。

3）高阶阶段：综合与评价

在学术研究的高阶阶段，研究者不仅要整合不同的理论观点和研究结果，还需对研究方法和结论进行批判性评价。提问的重点是鼓励研究者形成新的见解，并对已有理论和方法进行反思，从而推动学术创新和理论发展。下面分别以综合层次和评价层次为例，提出科研中常见的几种问题。

a. 综合层次

“如何提出一个新的理论框架，整合（不同观点）来解释（某种现象）？”

“如何在（不同研究方法）之间找到一种综合性的解决方案？”

b. 评价层次

“（某项研究结论）的可靠性如何？有哪些改进的空间？”

“根据相关的（标准）或（理论），如何评价（某种研究方法）的优缺点？”

通过这些高阶问题，研究者能够发展出更高层次的思考能力，进行理论创新，并在学术评价中展现出独立判断的能力。

（2）探究能力的训练

①**分层次训练**：从基础的记忆与理解问题开始，逐步过渡到应用、分析和评价问题，帮助研究者在不同阶段练习思维能力。

②**实际案例模拟**：通过模拟真实的科研场景和学术讨论，让研究者体验在不同研究情境中提出合适问题的过程。

③**反思与反馈**：鼓励研究者在提问后进行反思，并通过导师或同伴的反馈，不断优化自己的提问策略。

在提问过程中，AI 工具（如 ChatGPT）可以为研究者提供即时反馈，帮助他们拓展思维。AI 工具能够模拟不同的研究情境，生成多角度的答案，引导研究者深入思考，并提供多种视角作为参考。例如，在基础阶段，可利用 AI 工具快速查阅文献、解释基础概念、提供学习资源等；在进阶阶段，可使用 AI 工具辅助分析复杂数据情境，提供不同假设和方法的讨论，启发研究思路；在高阶阶段，AI 工具可辅助生成新的问题和假设，帮助研究者探索创新性的研究思路和综合评价。

笔记栏

分阶段提问是一种有效的科研训练策略，有助于研究者在不同阶段逐步提升认知能力、批判性思维和创新能力。结合布卢姆的提问层次理论，研究者能够通过系统化的提问策略，有效推进科研过程。AI 工具的辅助使用也为这一过程提供了新的可能，使研究者能在多维度思考中找到突破口，推动知识的创造与创新。

2.2.3 逻辑推理：归纳与演绎

无论是提出问题、分析数据，还是验证假设、进行逻辑推理，都是学术研究中不可或缺的思维工具。在科研过程中，研究者通常运用两种主要的推理方法：**归纳推理**和**演绎推理**。这两种方法相辅相成，共同构建起科学探究的逻辑基础。

（1）归纳推理

归纳推理是一种从具体事实出发，逐步推导出一般性结论的推理方法。它通过观察、分析和总结特定案例中的规律或趋势，形成理论或假设。归纳推理通常用于探索新的领域或提出新的理论，是科学研究中发现新知识的重要工具。归纳推理的特点如下。

①**从特例到普遍性**：归纳推理基于对特定事例的观察，试图总结出普遍适用的规律或结论。例如，研究者通过对若干实验数据的分析，推测某种化学反应在所有类似条件下都成立。

②**依赖数据和证据**：归纳推理高度依赖于研究者收集的实际数据和观察，因此其结论的可靠性与样本数量和代表性密切相关。

③**不确定性**：归纳推理的结论并非绝对确定，而是具有概率性，因为它是基于有限的数据推断出广泛适用的规律。

在科学研究中，归纳推理通常被用来探索新领域或提出假设。例如，研究者在多次实验中观察到某种植物在干旱环境下会表现出特定的适应性变化，于是归纳出这类植物具有一定的抗旱特性。然而，归纳推理也存在其局限性，这是由于其结论的可靠性依赖于样本的数量和代表性。若数据偏差较大或样本量不足，研究者可能会得出以偏概全的错误结论。此外，归纳推理无法完全排除未知情况的影响，即使观察到大量实例符合某一规律，也不能保证未来所有实例都符合这一规律。因此，研究者在使用归纳推理时，需保持谨慎的态度，避免因数据不足或样本

笔记栏

偏差而得出片面的推论。

（2）演绎推理

演绎推理则是一种从普遍性原则出发，推导出具体结论的推理方法。与归纳推理不同，演绎推理的结论如果前提成立，则必然为真。它通常用于验证理论、测试假设，并在科学实验中广泛应用。演绎推理的特点如下。

①**从一般到特例**：演绎推理始于一个普遍性前提，并通过逻辑推理得出具体的结论。例如，从已知的物理定律出发，推导出特定实验的预期结果。

②**前提的关键性**：演绎推理的可靠性依赖于前提的真实性。如果前提不成立，则结论可能失效。

③**推理过程的确定性**：只要前提正确且推理过程符合逻辑，演绎推理的结论必然为真。

演绎推理在科学研究中被广泛用于验证理论、设计实验和测试假设。例如，研究者根据“所有金属在加热时会膨胀”这一物理定律，推导出“若铜是一种金属，那么加热铜时，它会膨胀”的具体结论。这种推理方式在实验设计中尤为重要，因为它能够帮助研究者从理论假设出发，设计出具有验证意义的实验方案。然而，演绎推理的局限性在于其高度依赖于前提的准确性。如果前提本身不成立或存在偏差，推理过程即便再严谨，结论也可能不准确。此外，演绎推理所依赖的理论假设往往是在一定条件下成立的，研究者需要慎重分析这些前提是否适用于实际研究情境。例如，在极端环境下，某些金属可能表现出不同于常规条件下的性质，从而可能导致推导结论失效。因此，演绎推理虽然逻辑严谨，但研究者在使用时需灵活应对具体情境，并对前提进行充分验证。

（3）逻辑推理训练策略

在科研过程中，归纳推理与演绎推理常常相辅相成。研究者通常首先使用归纳推理总结现象、提出假设，再通过演绎推理检验这些假设。归纳推理帮助研究者探索和发现新规律，而演绎推理则提供了验证和论证的手段。例如，通过归纳推理，研究者在观察大量实验数据后提出某化合物在高温下会分解的假设，进而使用演绎推理设计实验，验证这一假设是否成立。这一过程展示了科学探究中循环反复的逻辑思维模式，

笔记栏

即“提出假设—验证假设—修正假设”的循环，不断推进研究进展。

逻辑推理能力是科研探究中的核心思维技能，研究者可以通过多种方式来提升自身的逻辑推理能力。首先，研究者可以尝试主动分析经典科研案例，尤其是阅读和反思那些包含严密推理过程的科学论文。通过梳理案例中的归纳和演绎推理过程，研究者能够加深对推理逻辑的理解，并掌握不同推理方法的实际应用场景。此外，研究者可以借助思维导图和逻辑图表使推理过程可视化。将复杂的推理步骤以图表形式呈现，有助于识别其中的逻辑链条，发现可能存在的漏洞和不合理之处。最后，研究者应定期进行思维反思和总结，将每次研究中遇到的推理错误或成功经验记录下来，作为后续学习和改进的参考。同时，与同伴进行学术讨论和头脑风暴，接受不同角度的反馈和质疑，也有助于进一步完善自身的逻辑推理能力。

AI 工具（如 ChatGPT）可以在逻辑推理训练中发挥积极作用，帮助研究者模拟推理过程、检查逻辑错误，并生成多角度的分析与假设，进一步提升思维训练效果。例如，AI 工具能从大量数据中识别模式，帮助研究者发现潜在规律；也可通过 AI 工具验证推理过程的逻辑性，指出可能的前提漏洞或推论错误。

归纳推理与演绎推理是研究者在科研过程中必备的思维工具。归纳推理帮助研究者探索未知、提出假设；演绎推理则用于验证假设、推导结论。掌握这两种推理方法，并在科研中灵活运用，将显著提升研究者的学术思维能力和科研创新能力。结合 AI 工具的辅助使用，研究者能够更加高效地进行逻辑推理训练，推动理论发展。

2.2.4 模型思维的应用

模型思维是一种运用多个思维模型来理解和分析复杂问题的方法，强调从不同的理论框架和视角切入，从而提出富有创造性的问题。对于研究者而言，模型思维能够有效帮助他们打破单一思维模式的限制，在提问时避免陷入思维定式，进而提升创新性和系统性。特别是在科研创新和复杂问题分析中，多模型思维不仅是一种思考工具，更是一种**探索未知领域的重要策略**。

创新性提问通常需要研究者从多个角度审视问题，而模型思维为此

笔记栏

提供了坚实的理论基础。通过引入多个不同的思维模型,研究者可以揭示现象背后的潜在机制,并基于这些机制提出深刻而有洞察力的问题。例如,面对复杂系统中的动态变化,单一模型可能无法捕捉到所有重要因素,但结合**博弈论模型**和**网络模型**,研究者能够更全面地理解系统的交互结构,从而提出更具创新性的研究问题。

模型思维的核心在于其多样性与灵活性。研究者不仅可以借助**马尔可夫链模型**分析时间序列数据中的状态转移,还可以应用**路径依赖模型**解释历史决策对现状的影响。这种**多模型融合**的思维方式,有助于研究者在探索新领域时开辟新的视角,并在现有知识的基础上提出新的假设和问题,推动科学进步。

模型思维能力的培养需要研究者在日常科研工作中有意识地进行训练和总结。以下是几种帮助研究者不断提升其模型思维能力的策略。

①**多模型学习与实践**:研究者应广泛学习不同领域的思维模型,包括经济学、社会学、物理学中的经典模型,并尝试将这些模型应用于自己的研究中。通过实际案例分析和模型应用练习,研究者能够逐步掌握模型背后的逻辑和应用场景,形成自己的多模型思维体系。

②**交叉验证与模型融合**:在提出假设和研究问题时,研究者可以尝试使用多种模型进行交叉验证。例如,可以同时使用博弈论模型和网络模型来分析市场行为,从多个角度验证结论的可靠性。这种模型融合的方法有助于克服单一模型的局限性,使研究者的提问和分析更加全面。

③**反思与迭代**:研究者应保持开放的心态,定期反思自己使用模型时的假设和推理过程。通过总结成功与失败的经验,研究者能够不断修正和优化自己的模型思维策略,提升创新性提问的能力和思维的严密性。

模型思维为研究者提供了一种多角度、多层次分析问题的工具,能够显著提升其提问的深度和创新性。在提问与创新思维的培养过程中,研究者应积极学习和应用多种模型,并结合实际数据和案例进行验证和反思。通过持续的实践和反思,研究者可以建立起更加丰富的模型思维框架,从而在复杂的科研探索中提出更具前瞻性和创造性的问题。

笔记栏

2.2.5 人工智能时代的创新思维模式

随着人工智能技术的迅速发展,传统的创新思维模式正在发生深刻变革。AI 作为一种强大的数据分析和问题解决工具,正成为创新思维的新引擎。在这个过程中,**研究者的角色**也在从单一的思考者转变为与 AI 系统协同合作的伙伴。人工智能不仅能提升研究者的分析能力,更能启发他们提出更具前瞻性的问题,为创新带来更多的可能。

(1)人工智能对创新思维的影响

人工智能通过其强大的计算能力、数据挖掘能力以及自动化特性,正在重塑传统的创新思维方式。以下是 AI 在创新思维中的主要影响。

①**提升信息处理能力**:AI 能够快速处理和分析海量数据,帮助研究者从复杂数据中发现潜在的模式和趋势。这一能力大大拓展了创新思维的可能性,研究者可以在 AI 的辅助下提出更加深入的问题,探索更广泛的研究方向。

②**启发多角度思考**:AI 系统可以通过多模型分析、多维数据挖掘等技术手段,提供多种不同的解释,帮助研究者从不同角度重新审视问题。例如,在自然语言处理领域,AI 可以分析海量文本数据,帮助研究者发现新的研究热点和未被探索的科学问题。

③**弥补人类经验不足**:对于缺乏领域知识或经验不足的研究者,AI 能够通过其对大量历史数据和领域知识的学习,提供有力的支持与建议。AI 系统能够从过去的研究成果、案例和设计数据中归纳出重要模式和规律,为研究者填补经验盲区。例如,在医学研究中,AI 可以通过分析大量病例数据,帮助新入职的研究者发现罕见病症的早期特征,从而提出更加精准和有针对性的问题。AI 的这一特性,尤其适合应对新兴领域和跨学科研究中的知识空白,为研究者提供宝贵的参考和启发。

④**加速假设验证**:AI 可以通过机器学习模型和模拟算法,帮助研究者快速测试和验证不同假设。这种高效验证能力能够显著缩短研究者的探索时间,使他们专注于提出新的假设和问题。

然而,人工智能也对创新思维提出了新的挑战。研究者需要警惕 AI 可能带来的**思维依赖性和盲从风险**,避免在创新过程中过度依赖 AI 工具而忽视了自身的独立思考。为了在人工智能时代保持竞争力和创新

笔记栏

能力，研究者需要有意识地培养**与 AI 共生的创新思维策略**，并学会将 AI 工具纳入自己的研究过程。以下是几种提升研究者适应能力的策略。

①**发展数据素养与 AI 素养**：研究者应当具备基本的数据分析能力，理解 AI 工具的基本工作原理，能够使用这些工具进行数据探索和模式识别。通过提升自己的数据素养和 AI 素养，研究者可以更好地利用 AI 工具提出深度问题，并评估 AI 生成结果的可靠性。

②**保持批判性思维**：尽管 AI 工具能够提供强大的辅助支持，研究者依然需要保持独立的批判性思维，特别是在使用 AI 生成的分析结果时。研究者应主动质疑并验证 AI 的结论，避免盲目依赖模型预测，应基于自己的专业知识和判断提出新问题和假设。

③**培养人机协同思维**：研究者应当学会与 AI 工具协同工作，将其视为“智能助手”而非替代品。在探索问题时，研究者可以先利用 AI 工具进行初步分析，再结合自己的专业视角深入挖掘。这种人机协同的工作方式，有助于研究者在提问过程中获得更多灵感和启发，提升创新思维的广度和深度。

（2）人工智能辅助下的创新提问模式

在人工智能的辅助下，创新提问模式正在发生转变。研究者可以利用 AI 工具来形成新的提问方法，从而提升创新思维的深度和广度。以下是几种新的提问模式。

①**数据驱动的提问**：利用 AI 的数据挖掘和分析能力，研究者可以基于数据中的异常模式和趋势提出创新性问题。例如，通过分析设计数据集中的异常点，研究者可以提出“为什么这一特定设计在某些场景中表现优异？”或“哪些设计特征可能导致了性能的极端变化？”等问题。

②**预测性提问**：AI 的预测模型可以帮助研究者在提问时考虑未来可能的变化趋势。例如，在材料设计领域，AI 模型能够预测新材料的性能，这可以启发研究者提出“哪些因素会影响新材料在极端环境下的稳定性？”等问题，从而引导他们进行前瞻性研究。

③**交互性提问**：通过与 AI 对话和互动，研究者可以在提问过程中获得即时反馈，调整思路并提出更深入的问题。例如，通过使用 ChatGPT 等生成式 AI 工具，研究者可以快速进行头脑风暴和假设讨论，从而提出更具系统性和更深刻的问题。这种人机协作模式能够显著提升研究者

笔记栏

的提问效率和创造力。

人工智能正在改变我们看待问题和提出问题的方式,为创新思维注入新的动力。在这个不断发展的时代,研究者需要主动适应新的思维模式,学会在提问过程中利用AI工具进行高效探索与验证。通过与AI深度协作,研究者可以更加敏锐地发现隐藏的问题,提出前沿性的假设,并开辟新的研究方向。

2.3 有效提问的关键要素

2.3.1 科学推理与问题分解

在科学研究和创新实践中,提出高质量的问题往往需要研究者具备**科学推理**与**问题分解**双重能力。**科学推理**通过逻辑分析和证据检验,帮助研究者从现象中发现问题的本质;**问题分解**则能够将复杂的科研问题拆解为一系列更具操作性的小问题,使研究者更系统地进行探索。它们共同构成有效提问的核心策略,帮助研究者在各个阶段提出更加精准和深刻的问题。

(1)科学推理:探究问题本质的逻辑思维

科学推理是研究者在提出问题时进行逻辑思考和分析的基础。它贯穿于**分阶段提问**的每个环节——从最初的现象观察到假设的形成,再到假设的验证。科学推理帮助研究者在提问时明确问题背后的因果关系,进而提出更具深度和挑战性的问题。

①**从现象到假设**:科学推理的第一步是基于观察到的现象形成合理的假设。例如,在设计研究中,研究者观察到某种材料在高温环境下容易失效,通过推理分析可以提出假设:“材料结构中的特定缺陷是导致失效的主要原因。”这一假设的提出,往往源于研究者对现象的敏锐洞察和逻辑推理。

②**严密的逻辑分析**:科学推理要求研究者能够通过严密的逻辑分析,识别问题中的关键变量,并根据已有证据进行推导。2.2.2节中提到的提问深度递进策略,就是一种利用科学推理不断深入挖掘问题背后机制的典型应用。例如,在进行产品可靠性研究时,研究者可以从“这个产

品为何会出现故障?”这一基础问题出发,通过逻辑分析,将其逐步分解为“产品是否存在设计缺陷?”和“外部环境因素是否超出了设计限制?”等更具深度的问题。

③**验证与反思**:科学推理不仅包括提出假设,还涉及通过实验或数据分析来验证这些假设。研究者在验证假设的过程中,往往会进一步提出新的问题,并对初始假设进行修正或拓展。这一过程可采用 2.2.2 节中提到的动态提问策略,即研究者在不断推理和验证中调整提问方向,以适应新的研究发现。

(2)问题分解:化繁为简的系统化思考

在面对复杂的科研问题时,研究者需要具备**问题分解**的能力。问题分解是将一个大的、复杂的问题拆解为更小、更明确的子问题,使研究者能够更有效地聚焦于具体目标并逐步解决问题。

①**识别核心问题并分层次拆解**:研究者首先需要通过科学推理识别出问题的核心目标和关键瓶颈,再将其分解为不同层次的子问题。例如,在分析复杂系统的设计方案时,研究者可以先识别影响系统性能的核心因素,如材料性能、结构稳定性和环境适应性,再根据这些因素将原本的问题逐层拆解为具体的研究问题。

②**建立子问题间的逻辑联系**:在问题分解过程中,研究者还需要建立各个子问题之间的逻辑联系,避免在分解过程中失去对整体问题的把握。这里可以利用 2.2.2 节中提到的问题链构建策略,通过绘制因果关系图或问题树梳理思路。例如,在分析制造过程中的质量问题时,研究者可以绘制出影响质量的因果链条,明确“材料选择”“制造工艺”“检测方法”之间的相互关系。

③**逐步验证并通过反馈进行调整**:问题分解不是一次性完成的过程,而需要在研究过程中不断调整和优化。在每个子问题得到初步解答后,研究者应通过验证结果和反馈分析,检查是否需要对问题的分解方式进行修改。这种动态调整,强调研究者根据新的证据和发现,灵活调整问题的分解结构和提问方式。

科学推理与问题分解相辅相成,共同支撑研究者在提出高质量问题时的思考深度与系统性。通过科学推理,研究者能够更加精准地识别问题的核心要素,并指导问题分解的方向。例如,在探索新材料的设计时,

笔记栏

研究者可以通过推理得出"复合材料结构的设计是提高材料性能的关键因素"，并据此将问题进一步分解为"复合材料成分分析""结构优化设计"和"材料性能测试"等具体子问题。

问题分解能够为推理过程提供清晰的结构和步骤，有助于研究者厘清复杂的因果链条，避免推理中偏差和错误的出现。例如，在分析产品故障时，研究者可以通过将问题分解为多个子问题，逐一排除可能的原因，最终形成严密的推理链条。

2.3.2 提问的严谨性与灵活性

在研究中，**提问**既是一种探究问题本质的手段，也是一种启发思考的工具。然而，提出有效的问题并非易事，因为研究者往往需要在**严谨性**和**灵活性**之间取得平衡。严谨性强调问题的逻辑性、明确性和可验证性，是科学研究中至关重要的特质；灵活性则意味着问题的开放性、适应性和创新性，它可以使研究者在面对复杂、动态的研究情境时保持敏捷的思维。严谨性和灵活性之间的平衡不仅关系到问题的质量，也会影响研究的进程和创新的深度。

（1）严谨性：追求科学性的精准提问

严谨性意味着问题必须建立在**清晰的背景**和**坚实的理论基础**上，具备明确的定义和逻辑结构。严谨的问题通常具备具体的对象、清晰的因果关系以及可验证的假设。例如，在材料科学研究中，当研究者观察到一种新材料在不同温度下性能会发生变化时，提问不能仅仅停留在"为什么材料会变化"这样宽泛的问题，而应基于已有的热力学和材料学理论，提出"300 ℃以上材料的抗拉强度下降，是否由于晶界迁移导致内部结构发生重组"这样具体而严谨的问题。

这种严谨性能够帮助研究者聚焦于核心问题，避免因提问过于模糊而导致研究方向偏离。举例来说，在医学研究中，研究者常常会面对大量的临床数据和复杂的病因可能。如果研究者提出的问题过于泛泛，如提出"某种药物是否有效"这样的问题，那么他们很难得到具体的研究指引。严谨的提问应聚焦于具体的病症、药物作用机制和实验设计，例如"该药物对慢性肾病患者的血压调节作用是否通过降低肾素-血管紧张素系统的活性实现"，这类问题不仅有助于实验设计，还能提供清晰的验

笔记栏

证路径和判断标准。

（2）灵活性：保持开放性与适应性的创新提问

科学研究充满不确定性和变化性，仅依靠严谨的提问有时会陷入僵化的思维模式，阻碍新的发现。因此，**灵活性**在提问时同样重要，它允许研究者突破已有的理论框架和预设假设，提出具有创新性的开放问题。

灵活性常常表现为研究者能够根据新出现的证据和环境变化，迅速调整自己的提问方向和角度。例如，在人工智能领域的研究中，初始提问可能是："能否通过深度学习模型提升语音识别的准确性？"随着研究深入，研究者发现传统模型在处理口音变化和噪声干扰时表现不佳。此时，如果研究者能够灵活调整问题，提出"是否可以通过融合多模态数据来改善语音识别在噪声环境下的稳健性？"这样的问题，就能更好地应对新挑战，并为研究开辟新的方向。

灵活性还体现在研究者面对意外发现时，能够快速调整提问。例如，某团队在研究一种新药的副作用时，发现这种新药能显著提升患者的某些免疫指标。尽管这一现象最初并非研究重点，但研究者并未忽视，而是迅速调整了提问，从"该药物是否存在未知的副作用"转向"该药物是否具有增强免疫反应的潜力"。这种调整不仅展示了提问的灵活性，也可能带来意料之外的研究突破。

（3）严谨性与灵活性的平衡

在实际研究中，如何在严谨性和灵活性之间取得平衡，始终是一个挑战。过于追求严谨性可能导致研究者陷入过分细致的逻辑推演，忽略了创新的可能性；而过于强调灵活性又可能导致提问缺乏明确的方向和验证标准，增加研究的不确定性和风险。

举例来说，在新材料开发领域，研究者可能最初提出了一个严谨的问题："该合金在极端低温下的断裂韧性是否符合航空工业标准的要求？"这一问题非常具体和严谨，但如果研究过程中发现材料在特定温度下表现出异常的相变特性，研究者需要灵活调整提问方向，例如："该相变是否会带来新型超导特性？"在这种情况下，研究者既要保持对原始问题的聚焦，又要适时扩展新的问题领域，从而实现严谨性与灵活性的结合。

为了提升这种平衡能力，研究者可以从以下方面入手：首先，以现有

笔记栏

理论和数据为支撑，确保提出的问题具备充分的逻辑依据和可验证性；其次，保持对新信息和意外发现的敏感性，不拘泥于原有的假设和框架；最后，建立迭代提问机制，在每一阶段的研究推进中，及时反思和调整提问方向，实现严谨性与灵活性之间的动态平衡。

例如，在进行复杂系统的模拟研究时，研究者可以先提出基于已有模型的严谨问题，如："模型参数的变化是否显著影响系统的稳定性？"随着模拟结果的出现，研究者可能会发现某些未预料到的动态行为，此时便可灵活调整提问，例如："这些动态行为是否揭示了系统的潜在混沌特性？"这种逐步调整和反思的过程，能够帮助研究者在保持严谨性的同时，不断探索新的研究可能性。

研究者需要在科学推理和创新探索之间找到最佳切入点，既要具备深入挖掘问题的逻辑严谨性，也要保持对未知领域的开放态度和适应能力。唯有如此，才能提出高质量的问题，并为科研创新提供源源不断的动力。

2.3.3 提问的清晰性与简洁性

在科研工作中，提出的问题不仅需要具备严谨性和灵活性，还应具备**清晰性**和**简洁性**。清晰性确保问题表达准确、易于理解，而简洁性则让问题更具焦点，避免冗余的表达拖慢思考的进程。两者结合，不仅能帮助研究者快速进入研究状态，还能有效地提升问题解决的效率和准确性。科学提问的清晰性和简洁性，在整个研究过程中具有深远的影响，可以推动问题有效解决。

（1）清晰性：确保问题的准确性与方向性

清晰性要求研究者明确表达问题的核心内容，避免含糊不清或过于复杂的表述。一个不清晰的问题可能导致思考过程混乱，进而影响研究方向的选择和后续的操作。清晰的问题表述能够为研究者提供明确的思路，帮助他们从一开始就集中精力解决核心问题，而不被无关的细节所困扰。

例如，在工程设计领域，假设研究者提出的问题是"如何提高这一机械结构的性能"，这个问题的表述就不够清晰，因为"性能"可以指很多方面，比如效率、可靠性、耐用性等。而如果问题表述为"如何通过改进材料选择来提升该机械结构的耐用性”，问题的焦点就变得非常明确，并且可以为后续设计和实验提供清晰的方向。通过明确目标，研究者能够精确选择合适的材料，避免走弯路。

清晰的提问还要求研究者区分核心问题和附加问题，将关键问题准确地表达出来。例如，在社会学研究中，如果研究者想了解“社会支持对老年人健康的影响”，可以通过进一步明确其维度来提升清晰性，比如：“哪种类型（情感支持、信息支持、物质支持）的社会支持对老年人的心理健康最有益？”这种精确性使研究的变量和研究对象得到了明确界定，避免了概念上的模糊不清。

（2）简洁性：去除多余表达，准确聚焦于问题

简洁性要求问题表达简练，去除多余的修饰，不使用复杂的结构。简洁的问题通常要避免不必要的背景介绍和冗长的陈述，直达问题的核心。简洁性能够帮助研究者更高效地识别问题本质，快速进入思考和解决阶段。此外，简洁性还能够提高交流效率，确保不同学科或背景的研究者都能顺畅理解问题并进行讨论。

举例来说，在计算机科学的研究中，如果一个问题被表述为“在进行图像识别时，如何优化模型，使其能在高维特征空间内准确区分不同类别的图像”，这个问题尽管完整，但比较冗长且包含了过多的背景信息。相反，简洁的问题表述可以是“如何优化图像识别模型的高维特征空间以提升分类精度”，这种简洁表达保留了问题的核心内容，同时去除了不必要的细节，聚焦于关键挑战。

简洁性也体现于提问时的语言精练和结构清晰。例如，“如何提高电池性能”这样的问题虽然简短，但缺乏足够的背景信息和细化的问题方向。如果将其改为“如何通过改进电池电极材料的导电性来提升电池的充放电效率”，则明确了研究的重点和目标，同时保持了简洁性。这种方式不仅让问题更加集中，也为后续研究的设计和分析提供了清晰的框架。

（3）清晰性与简洁性的平衡

尽管清晰性与简洁性是两个独立的概念，但它们在实际提问中是紧密相连的。一个好的问题，既要清晰明确，又不应冗余烦琐。在实际操作中，研究者常常需要在两者之间找到最佳的平衡点。过度追求简洁可

笔记栏

能导致问题过于简单，忽略了必要的背景和细节；而过度注重清晰性可能会导致表达过于复杂，反而使问题变得冗长。

例如，在经济学研究中，研究者想要探讨“劳动力市场不平衡对经济增长的影响”，如果问题表述为“劳动力市场的不平衡状况如何影响宏观经济的总体增长水平”，就显得有些冗长，可以将其精简为“劳动力市场的不平衡如何影响经济增长”，这一表述更加简洁，并且保持了问题的清晰性和核心方向。

研究者可以通过以下方式提高提问的清晰性与简洁性：首先，聚焦核心问题，避免多余的修饰词或背景信息，确保问题直接且易于理解；其次，避免模糊的表述，如使用“可能”“一些”这样的词汇，这些词汇容易导致问题的模糊性；最后，反复修改和简化表达，通过多次推敲和重构，使问题的表述更加简明扼要，同时确保其内容的准确性。

例如，在工程设计领域，最初的提问是：“如何设计一种既能在极端环境下工作，又能减少能量消耗的装置？”这一问题虽然合理，但相对冗长。简化后可以表述为：“如何设计一种低能耗、高耐久的极限环境工作装置？”在简化过程中，问题的核心内容得到了保留，同时冗余的修饰和表述被去除，清晰度和简洁性得到了提升。

总之，清晰性与简洁性是有效提问的重要特点。在科研中，清晰的表达帮助研究者准确传达问题的核心，避免歧义和误解；简洁性则确保问题能够迅速、有效地指向解决方案，避免过多的背景信息干扰思考过程。研究者通过在这两者之间找到平衡，提出更为精准、高效的问题，从而推动科学发现和创新。

第3章

模型建立：从问题到解答的路径

笔记栏

3.1 模型思维的建立

3.1.1 什么是模型：概念与功能

模型是客观事物的简化表示，通过抽象或物理化的方式将复杂的现实转化为易于理解、分析和应用的形式。生活中模型随处可见。以跑车模型（图 3-1）为例，它显然不是一辆真实的跑车，无法驾驶，也缺乏复杂的机械和电子结构。然而，仅凭观察这一模型，人们便可了解真实跑车的外观颜色、形状特点，甚至可以通过较为精致的模型观察其开门方式和内饰布局。这种简化模型通过舍弃次要细节，突出核心特征，使人们能够快速获得关于真实事物的关键信息。

图 3-1 跑车模型

除了这种有形的物质模型，生活中还有大量虚拟或抽象的模型。例如，文字本质上是一种抽象模型，尽管文字“人”并非真实的人，却能使读者联想到“人”这一客观存在。人们通过有序的文字排列，便能将万事万物都凝聚在文字这一抽象的模型中，并流传百世。同样，在工作中，客户画像是一种虚拟模型。产品研发团队通过刻画客户的特点和需求（尽管这个“客户”并不存在具体形态），利用模型指导研发，提高效率并更好地解决用户痛点。

在科学研究中，虚拟模型更是不可或缺。例如，物理学中经常出现的长方形小滑块就是典型的虚拟模型，它保留了必要的物理学参数，用以简化计算和分析;在生物学中,通过纸面上的树状图将复杂的生物遗传过程简洁直观地展示出来。这些模型虽非事物本身,却通过一定程度的简化帮助科研人员更好地理解和研究客观事物。

总之,无论有实体的模型还是虚拟的模型,其都是对客观事物的一种简化。客观事物可以是实际的也可以是抽象的,简化表示可以是实际的也可以是抽象的,而且其大部分情况下能够反映客观事物的部分特点。值得注意的是,模型的简化程度不能太过,需要其能够特异性指向客观事物本体,或者能使人联想到客观事物。

(1)模型的核心功能

①**简化复杂性**:模型通过抽象和概括,将纷繁复杂的事物转化为简洁的形式。例如,生态学中的捕食者-猎物模型能够有效模拟种群动态,帮助人们理解生物之间的相互作用规律。

②**预测和推断**:模型常用于预测未来趋势或推断未知事物。例如,气候变化模型结合数据和理论预测未来气候,为环境政策的制定提供参考。

③**探索假设**:模型为人们提供了虚拟的实验场景,用于测试假设或模拟不同条件的影响。例如,工程领域的有限元模型可模拟结构在荷载下的表现,辅助设计优化。

④**交流工具**:模型作为共同语言,为跨领域交流提供便利。例如,网络图模型广泛应用于社会网络分析、计算机科学和生物学研究,为各领域专家交换意见提供了高效、直观的沟通桥梁。

(2)模型的多样性

现实世界的复杂性决定了单一模型往往无法全面覆盖所有维度,因此,多模型的使用是解决复杂问题的重要方法。正如斯科特·佩奇在《模型思维》中提出的"多模型视角"所揭示的,结合多种模型可以更全面地认识客观事物的多样性。

1)简单与复杂的结合

简单模型专注于核心关系,便于快速分析,而复杂模型则提供更精细的预测和决策支持。例如,在气象预测中,简单的统计模型可用于快速估算,复杂的数值模型则可生成精确的长期预测。

笔记栏

2)跨领域模型的整合

不同领域的模型可以互补使用,以提供多维度的洞察。例如,在市场分析中,经济学的供需模型可以与社会学的博弈论模型结合,既分析宏观趋势,又捕捉个体行为差异。

3)多角度模型的应用

复杂系统通常需要从多个角度建模。以生态系统为例,可以通过物种关系模型分析生物之间的竞争,也可以通过地理模型研究环境因素的影响,这些模型的联合使用可以使研究者获得更全面的认知。

(3)模型的局限性

模型通过简化客观事物,摒弃一系列要素,从而方便人们使用或者表达。尽管模型具有重要功能,但它也并非完美无缺。统计学家乔治·博克斯的经典论叙述—— "Essentially, all models are wrong, but some are useful"(本质而言,所有的模型都是错误的,但有一些是有用的),强调了模型的局限性。

1)模型可能是错误的

牛顿的经典力学模型曾被视为真理,但现代物理学已证明它在高速和强引力环境下是失效的。然而,这并不影响其在日常生活中的广泛应用和价值。

2)模型可能是不完整的

牛顿在提出万有引力理论时并未得出万有引力常数,导致当时的模型无法进行定量计算。然而,这并未削弱模型在解释引力现象方面的意义,后续实验则补全了这一模型的缺陷。

3)模型可能是矛盾的

光的波粒二象性模型展现了光既是波又是粒子的矛盾特性,但这一模型是理解光本质的重要工具。同样,日常生活中的行为模型也常存在矛盾,如“识时务者为俊杰”和“宁为玉碎,不为瓦全”代表了两种完全相反的处事态度。

模型是一种通过简化和抽象来表达客观事物的工具。无论是有形的还是虚拟的,模型都旨在摒弃复杂细节,保留关键特征,从而便于理解、预测和应用。然而,模型的价值在于其相对正确性和实用性,而非绝对准确性。因此,面对模型,应以发展的眼光看待其局限,既肯定其历史贡献，又不断创新优化，以适应新的需求和挑战。

3.1.2 模型的思维方式

在复杂多变的现代社会中，模型思维作为一种核心的认知工具，帮助人们从海量数据和多样问题中提炼核心信息，构建清晰的理解路径。模型不仅是一种分析问题的工具，更是一种解决问题的思维方式，贯穿从问题定义到方案实施的全过程。

（1）模型思维的基础

模型思维的核心在于通过简化现实，抓住事物的关键特征并抽象出可以操作的框架，以应对复杂性并提高认知效率。在如今这个大数据时代，数据正在以一种前所未有的维度与密度向人们急速涌来。人们可以实时获取自己想要的数据与信息。比如，在过去，普通人要想知道最近发生了什么事，只能通过每日的报刊知晓。而如今，在手机中使用任意一个新闻应用就能知晓。我们可以轻松获取信息，却常常难以理解其内在规律。如果仅仅停留在数据表面的"知其然"，而缺乏模型的"知其所以然"，我们对世界的理解就会变得浅薄。

例如，在工程领域，面对设计和运行中的复杂系统，仅凭感性认知难以把握其中的内在规律。模型作为对实际问题的抽象与简化，帮助工程师从本质上认识问题并找到解决方案。以桥梁结构的设计为例，在保证承载力、安全性和耐久性的前提下，建造成本应尽可能低，材料使用量应尽可能少。如果没有模型，工程师可能需要耗费大量时间和资源来设计和测试每一个备选方案。然而，通过力学模型，工程师可以模拟桥梁在不同荷载下的受力情况，提前发现潜在的薄弱环节并优化设计方案。这不仅大幅缩短了设计周期，还有效降低了试错成本。正是模型的这一特性，使得它在工程中得以广泛应用。

（2）模型在问题解决中的作用

1）问题定义

模型能够清晰界定问题的边界和要素。面对复杂问题时，直接分析全局可能导致思路混乱，而模型聚焦核心变量，剔除次要因素，为解决问题建立了一个简化的框架。例如，决策树模型能够帮助企业厘清各个决策的利弊，使问题的本质一目了然。

笔记栏

2）关系分析

模型通过捕捉变量之间的关系揭示因果链条。例如，供需模型将价格、供给量和需求量的关系结构化，使人们不仅能描述现象，还能解释其背后的逻辑。

3）解决方案的设计与优化

模型是工具箱中的试验台，用于模拟不同方案的效果并优化策略。例如，在交通规划中，流量模型可以模拟不同路网设计对交通拥堵程度的影响，为实际工程提供数据支持。

4）预测与评估

模型的抽象性使其具有一定的预测能力。例如，气候模型不仅能帮助科学家了解过去的气候变化，还能预测未来气候的可能趋势。这种预测为决策提供了必要的前瞻性。

（3）多模型思维的重要性

在解决问题的过程中，单一模型往往无法全面揭示事物的本质或捕捉多元条件对结果的影响。培养多模型思维能力，利用多个模型从不同视角处理同一问题，可以弥补单一模型的局限，提供更全面的答案。

1）从不同角度看问题

多模型思维主张针对同一问题使用不同的模型。例如，在结构分析中，静力学模型可以帮助确定结构的静态稳定性，而动力学模型则用于分析结构在地震或风荷载作用下的动态响应。这两种模型从不同角度揭示了结构特性，综合使用它们可以更全面地评估安全性和可靠性。在实际生活中，这种多角度思考能够显著提升问题解决的精确性和深度。

2）处理相矛盾的结论

多模型思维尤其适合应对复杂情况下模型结论的矛盾。例如，在机械设计中，热力学模型可能建议增加系统散热组件以提升可靠性，而材料成本模型则可能指出增加组件会导致预算超标。在这种情况下，综合权衡不同模型的结论，通过优化权重分配或设计改进可以更好地实现目标。

3）应对复杂条件的变化

现实中的问题往往受到多样条件的动态影响，单一模型难以全面覆盖。例如，在城市交通规划中，既需要使用交通流量预测模型分析高峰

笔记栏

时段的通勤需求,也需要使用环境影响模型评估不同方案对空气质量的潜在影响,综合这两方面才能制定出合理的规划方案。

(4)如何培养模型思维

培养模型思维是一项系统性工作,需要结合理论学习与实践锻炼,在多领域的应用中逐步建立起模型意识与能力。

1)从基本模型入手,掌握建模基础

模型思维的学习就像搭建积木,只有基础稳固,才能构建更复杂的结构。对于工程背景的学生,培养模型思维首先需要熟悉基本的工程模型。例如,机械工程中的受力分析模型、流体力学中的伯努利方程模型等都是理解复杂模型的基础。通过逐步掌握基本模型的概念和应用方法,学生可以打下坚实的理论基础。

2)在实践中学习建模

理论学习固然重要,但模型思维更需要通过实践来强化。我们应该在存在问题的实际环境中学习,例如通过工程案例分析、项目实训或竞赛任务,训练独立构建或优化模型的能力,从实践中体会模型的价值与局限性。即使一开始不够熟练,也不要害怕犯错——每一次尝试和改进都在锻炼研究者的模型思维能力。

3)培养多模型思维

针对同一问题尝试不同的模型解决方法,比较模型间的适用性与优劣势。例如,在结构设计课程中,可以尝试用理论计算模型和有限元分析模型分别分析同一结构问题,进而讨论两种模型得出的结论的异同与局限。

4)注重模型的动态调整与创新

现实中的问题往往不是静态的,模型也需要随情况变化而调整。在学习过程中,可以多尝试动态调整模型的参数,观察结果的变化。例如,在优化控制系统时,通过改变输入变量和环境条件,观察系统性能的变化,这将有助于研究者更直观地理解模型的动态特性。

5)探索跨学科的建模方法

工程问题往往涉及多个领域知识的交叉。通过参与跨学科合作课程或项目,可以了解不同学科的建模方法,学会从多维度理解和解决问题。例如,利用数据科学中的机器学习模型或经济学中的供需模型进行

笔记栏

跨学科的模型建立探索。跨领域知识的运用能让研究者拥有更广阔的视野，有助于从多角度解决问题。

6）分析失败案例，理解模型的局限性

成功的案例固然令人振奋，但失败的经验同样宝贵。在学习中可以关注一些模型应用失败的案例，例如某些设计因模型假设不合理而在工程应用中出现问题。通过对这些案例进行剖析，研究者可以更深刻地理解模型的局限性，并提升实际应用中的警觉性与思辨能力，进而学会在实际应用中避免类似问题。

模型思维不仅是工具使用能力的体现，更是一种全局视角和分析能力的体现。在大数据时代，面对纷繁复杂的问题，多模型思维显得尤为重要。它引导人们突破单一框架的局限，从多角度观察和分析问题，从而更全面地理解世界并高效地做出决策。通过不断完善和创新模型，我们才能在应对未来挑战时保持灵活性和创造力。

3.2 从提问到假设的转化

3.2.1 假设构建

构建假设是学术研究中的重要环节，它不仅帮助研究者将宽泛的研究问题转化为具体的研究命题，还能够为后续的研究提供明确的方向。假设应当是明确的、可测试的，并能够引导接下来的研究设计与数据收集。构建假设的思维方式不仅依赖于理论的积累和经验，还可以通过不同的思维方式来进行创新和深化。在构建假设的过程中，我们可以尝试以下几种思维方法。

（1）具象化方法（embodiment approach）

具象化方法是一种将抽象的理论或概念转化为具体、可操作的假设的方法。运用这种方法，研究者可将某一现象或问题具体化，通过直接观察事物的实际表现或现象，提出假设。例如，在工程研究中，假设一个新的建筑材料能够在高温环境下更好地保持结构强度。通过具象化这一目标，研究者可以假设："这种材料在高温下的抗压强度将显著高于传统材料。"这种方法的优势在于，它帮助研究者关注实际的实验设计和可

笔记栏

测量的变量,使得假设具备实际操作性。

(2)类比方法(analogy approach)

类比方法是借用相似领域或现象的知识和模型来构建假设的方法。在这种方法中,研究者利用已有领域的相似案例或现象来推测新问题的潜在规律。类比方法常被用于工程领域。例如,假设某种桥梁结构在地震发生时能够保持很好的稳定性,可以通过类比一些已知的建筑物在地震中的表现来构建假设:"如同某些具有抗震设计的建筑物,某一类型的桥梁结构也能够在地震中保持较好的稳定性。"类比方法的优势在于它借助已知知识进行推测,帮助研究者在没有直接经验的情况下,形成一个初步的研究假设。

(3)另类现实法(alternative reality approach)

另类现实法可理解为有意不去表征和刻画现实,而是通过想象不同的假设情境或改变已知条件,提出新的理论或假设。例如,在工程设计中,可以通过假设一个极端的或不同的工作条件,提出新的假设:"如果在没有空气阻力的环境中运行,某种机械装置的效率将比常规条件下高出 50%。"这种假设突破了传统的工程限制,挑战现有的理论框架。这种方法的优势在于它能够推动研究者打破常规,探索不同的假设空间,从而激发新的研究思路。

除了上述三种常用的假设构建方法,研究者还可以通过其他的思维方式来构建假设。例如,通过逆向推理(reverse engineering)来推测结果与原因之间的关系,或通过横向比较(cross-disciplinary approach)将不同学科的理论和方法进行融合,构建跨领域的假设。

总之,假设的构建不仅要根据现有理论进行推测,还要通过灵活多样的思维方式,从不同的角度提出创新的假设,进一步推动科技发展。

3.2.2　假设验证

假设验证是检验假设是否成立的过程,它是科学研究的核心环节之一。假设验证不仅是对假设的正确性的检验,更是一个反思与完善假设的过程。有效的假设验证能够为后续研究提供坚实的理论基础,并推动学术领域的发展。

笔记栏

(1)设计实验或数据收集方案

验证假设的第一步是设计实验或数据收集方案。研究者需要根据假设的特点,设计合适的实验或收集方案,确保实验中所有可能影响结果的变量都被有效控制。例如,在对材料强度的假设进行验证时,需要保证温度是唯一的独立变量,避免其他因素(如湿度、压力等)变化对结果产生影响。

(2)进行数据分析与统计测试

数据收集完成后,需要对数据进行统计分析。在这一过程中,研究者应使用合适的统计方法来检验假设的有效性。例如,可以使用回归分析来探讨温度与材料强度之间的关系,检验假设是否成立。

(3)反思与修正

在假设验证的过程中,研究者往往会发现初步的实验结果与预期不相符。此时,研究者需要反思假设的合理性、实验设计的有效性以及数据分析方法的准确性。如果初步假设未能成立,研究者应考虑修正假设或调整研究方法。科学研究中的许多创新往往来源于对失败结果的反思。

(4)确定假设验证的标准

一个有效的假设验证不仅要检验假设本身的正确性,还应包括对实验设计、数据收集和分析方法的反思。验证的过程是动态的,研究者要在实践中不断调整,确保假设的验证能够真实、客观地反映现象的本质。

总之,假设验证的核心在于数据的可靠性和实验的严谨性,它要求研究者在面对实验结果时保持客观、冷静的态度,并在必要时进行调整和优化。

3.3 模型建立的基本方法

在数据与信息爆炸的时代,我们面对的研究问题和实践挑战愈发复杂。与此同时,解决问题所依赖的模型种类繁多,层出不穷。在如此众多的模型中,如何选择合适的模型,如何根据实际需求改良和构建模型,已成为解决问题的关键。本节将介绍科研中常见的几种模型,包括表示模型、状态模型、序列模型和分类模型，并详细探讨这些模型的构建方法和应用场景。

3.3.1 表示模型：信息与知识的表达

对事物或现象的表示是使其区别于其他事物或现象的基础，是进行转述、分析、处理的前提。通过恰当的表示模型，人们能够高效处理不同领域的问题。在计算机领域，二进制是为人熟知的表示方法，其不仅可以用来表示数字，也可以用来表示操作，从而构成了计算机指令、程序以及算法的基础。而在计算机视觉方面，像素矩阵是最基本的表示单元，从二维灰度矩阵到三维矩阵表示的彩色图像，再到加入时间序列生成的动画和视频，构成了不断进步的高级表示算法的基础。

在自然语言处理和文本信息处理中，对文本的表示是理解和处理语言的基础。早期的文本表示方法以词袋模型为代表，通过统计单词在文本中出现的频率，将文本转化为简单的向量形式。随着技术的发展，词向量模型等高级表示方法逐步取代了词袋模型，从捕捉词语之间的语义关系的角度进一步完善对自然语言的处理过程。

在更广泛的知识表达与信息处理领域，不同的表示模型被用来解决更复杂的语义理解、关联推理和数据组织问题。例如，知识图谱以结构化的方式表示实体及其关系，有助于实现语义推理和复杂知识的整合；向量空间模型通过将文本和数据表示为数学向量，提供了直观高效的相似性计算方法，从而为信息检索和语义分析奠定了基础。

（1）知识图谱

知识图谱（knowledge graph，KG）是一种基于图的知识表达方式，其以结构化的形式描述概念、实体及其关系，如图 3-1 所示。

知识图谱作为一种网状结构模型，广泛用于表示信息和知识。它包含三大核心元素：实体、属性与关系。

①**实体**：表示问题或知识中的对象。实体可以是有形物体（如汽车、房屋），也可以是无形对象（如软件、程序）。每个实体都具备多种属性。

②**属性**：对实体的特征描述。每个实体通常具有多个属性。例如，对于一个“汽车”实体，其属性可能包括“品牌”“型号”“颜色”等。

③**关系**：描述实体之间的联系。关系通常采用元组（X, R, Y）来表

笔记栏

示，其中 X 和 Y 是两个实体，R 是它们之间的关系。例如，两个实体"汽车"和"车主"之间的关系可能是"拥有"。

在构建知识图谱时，需要首先确定实体的类型、实体的属性及数据类型，并定义实体与实体之间的关系及其表示方式。知识图谱（图 3-2）不仅能够清晰地展示问题的各个组成部分，还能揭示问题的内在联系和潜在结构。

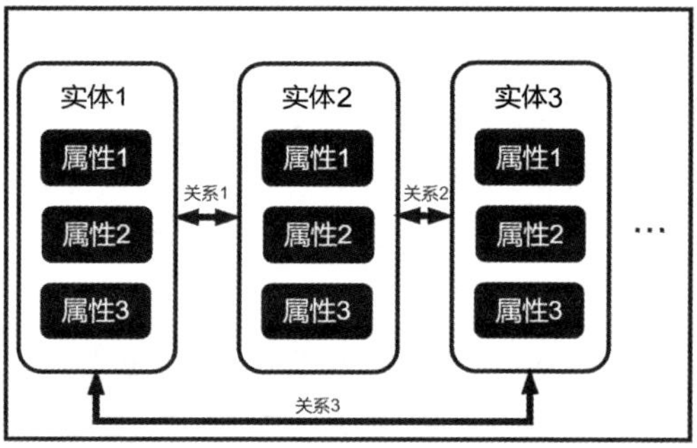

图 3-2　知识图谱结构

当使用知识图谱来表示问题时，实际上是将每个问题视作一个实体。问题的表示通常依赖于前提假设、已知数据与待求数据三个核心属性。

①**前提假设：**问题求解通常依赖于特定的假设条件。不同的假设可能会导致不同的求解方法。例如，在犯罪调查中，犯罪嫌疑人的动机、作案过程和作案结果是处理问题的核心前提。

②**已知数据：**在实际问题中，往往存在一些已知数据作为解题的基础。这些数据通常根据不同领域和问题类型进行分类。例如，数学问题中数据是否属于定义域，计算机科学中数据的类型等。

③**待求数据：**待求数据是需要通过求解得到的数据，是研究的目标。不同类型的待求数据（如数字或字符）需要采用不同的表示模型。

通过建立问题之间的关系模型，尤其是实体与实体之间的关系，我们能够深入理解问题间的正负相关性，避免因解决一个问题而引发新问题。例如，解决"货币短缺"问题时，增加货币供应量可能引发通货膨胀，因此建立问题间的关系模型至关重要。

笔记栏

(2)向量空间模型

向量空间模型(vector space model, VSM)是一种常见的文本表示模型,广泛用于文本相似度计算和信息检索。其基本原理是将文本中的词项按一定顺序排列成一维向量,并赋予不同的权重,从而表示文本内容的语义。

①**词项与权重**:在 VSM 中,文本中的基本单位是词项(如单词、短语等)。根据每个词项在文本中出现的频率,赋予其一个权重。

②**表示结构**:通过构建词典,将文本中的词项与词典中的词项一一对应,并将词项的权重值表示为向量。

通过向量空间的计算,VSM 能够有效地衡量文本之间的相似度。相似度计算通常通过余弦相似度来实现,即通过计算两个文本向量之间的余弦夹角来衡量文本的相似度。

例如,若两个文本包含相同的词项且这些词项出现的频率相近,那么它们的相似度就较高。对于文本相似度的计算,VSM 的优点是简单且直观。

尽管 VSM 在计算文本相似度时十分有效,但它的缺点在于忽略了词语之间的语义关系。例如,“酷”和“cool”是同义词,VSM 无法直接识别这种语义相似性。为了解决这个问题,潜在语义分析(LSA)通过奇异值分解(SVD)将词项映射到潜在语义空间中,从而捕捉到词项间的潜在语义相似度。

LSA 的引入使得在语义分析中,语序不再是关键,重点转向了词语之间的语义相似度。这使得 LSA 在信息检索、文本分析等领域得到了广泛应用。

表示模型在解决问题时扮演着至关重要的角色。无论是知识图谱、向量空间模型还是潜在语义分析,都提供了不同的信息表示方式,可以帮助我们更好地理解和处理复杂问题。利用这些模型不仅能够提高问题求解的效率,还能揭示问题之间的深层关系,为知识的发现与应用提供强大的支持。

3.3.2　状态模型:动态系统的构建

状态模型用于描述事物属性的变化过程,是解决动态系统问题的重

笔记栏

要工具。其核心思想是通过一组有限或离散状态及状态转移函数表达一个实体或系统在不同条件下的动态行为。状态模型广泛应用于计算机科学（如自动机理论和词法分析）、控制理论（如反馈控制系统）和物理学（如粒子状态模拟）等多个领域，尤其在动态行为建模和系统分析中有重要作用。

状态问题的本质是描述系统中每个实体在特定时刻的状态，并通过状态间的转移关系解决动态问题。实体的某些属性可能因时间推移或事件触发而变化，这种变化被称为状态转移。状态转移过程是一个动态过程，实体根据特定规则从一个状态转移到另一个状态，可能经历多次循环，最终达到某个终止状态。

自动机模型是一种典型的状态模型，专注于通过有限状态和明确的转移规则描述动态系统的行为。自动机模型以其形式化和高效性，广泛应用于计算机科学和工程领域，例如编译器设计、模式匹配和通信协议的验证等。本节将着重介绍自动机模型的原理、构建过程和应用。

自动机模型是一种经典的状态模型，广泛应用于形式语言处理、编译原理分析和复杂系统建模。自动机的核心思想是通过有限数量的状态和状态之间的转移规则，描述系统在输入作用下的状态变化过程。不同于隐马尔可夫模型中存在隐藏状态的复杂性，自动机模型强调显式状态和明确的状态转移规则，从而更加直观地反映系统的运行逻辑。

自动机模型有多种类型，其中最基本的是有限状态自动机（finite state automaton，FSA）。根据是否具有输出和是否包含概率因素，自动机可以进一步划分为确定性有限自动机（deterministic finite automation，DFA）、非确定性有限自动机（non-deterministic finite automation，NFA）、带输出的自动机（如 Mealy 机和 Moore 机）等。每种自动机模型针对特定类型的状态问题，提供高效的分析和求解方法。

在实际应用中，自动机模型的特点使其特别适用于规则明确、状态有限的问题，例如字符串模式匹配、网络协议分析和流程控制等场景。

自动机模型由有限数量的状态、输入符号集合以及状态转移函数共同定义。具体来说，自动机模型由以下五个组成部分构成。

①状态集合：表示系统可能的状态，例如 $S=\{s_1,s_2,\ldots,s_n\}$。

笔记栏

②输入符号集合:也称为字母表,定义所有驱动状态转移的输入符号,通常用Σ表示。

③状态转移函数:定义输入符号如何触发状态之间的转换。对于DFA,状态转移函数为 $\delta:S\times\Sigma\to S$。

④初始状态:表示自动机开始时所处的状态,$s_0\in S$。

⑤终止状态集合:表示自动机最终接受的状态,$F\subseteq S$。

自动机的工作方式是接收输入符号,根据状态转移函数改变其当前状态,直到达到接受状态或终止状态。

日常生活中,自动售货机可用自动机模型描述,其状态包括"等待选择""等待投币"和"发放商品"。状态转移由用户输入(选择商品、投币、按下确认按钮)驱动,遵循明确的转移规则,直到达到终止状态(发放商品)。在计算机科学中,自动机模型的应用非常广泛。常见的如词法分析和模式匹配算法,都是基于状态模型的设计。

状态模型的强大之处在于其能够适应时间和输入条件的变化,提供一个实时更新状态的框架。在实际应用中,这种模型被广泛用于描述和分析动态系统的行为。例如,在网络安全中,AC自动机模型被用于病毒扫描,其中每个病毒模式通过状态转移进行识别。在DNA(脱氧核糖核酸)检测中,模式匹配算法用于在庞大的DNA库中查找特定的碱基序列,从而辅助刑侦。

此外,状态模型还在控制系统、机器人技术、金融建模等领域得到了广泛应用,帮助人们描述和控制复杂的动态过程。状态模型的使用可以让人们认识到世界是动态的,随着时间改变,输入量不同,物体的状态在实时发生改变。

3.3.3 序列模型:时间序列与因果链条

序列模型是一类用于解决序列问题的模型。序列问题通常指的是那些需要考虑历史状态对当前状态的影响的问题。其与状态问题不同。状态问题主要关注系统当前状态的转移,这一转移由当前输入数据决定,通常不考虑过去的状态。而在序列问题中,系统的状态不仅受当前输入数据的影响,还受过去一系列状态的影响。因此,序列问题需要考虑状态转移的历史依赖性。具体来说,序列问题通常涉及可见状态与不

笔记栏

可见状态之间的相互作用，并且状态序列的转移依赖于历史信息。

序列问题具有以下特点。

①待求数据是一个包含时间序列或其他顺序结构的观测数据，通常用于表示某种概率分布。

②存在两类状态，一类是可见状态，另一类是不可见状态。

③计算待求数据时，需要考虑过去一段时间的状态，从而预测未来的状态。

直观而言，状态问题可以看作实体在时间或空间中发生的一维状态转移，而序列问题则涉及多个相互依赖的状态序列，它们之间的依赖关系构成了一个复杂的网络或结构。在实际应用中，序列问题普遍存在，尤其是在时间序列分析和因果推断等领域。

在生活和科学研究中，序列问题的核心特征是状态转移的历史依赖性和由此产生的不确定性。举个例子，假设我们要预测某个系统的下一状态，但系统的未来状态不仅取决于当前的状态，还受到过去状态的影响。例如，一个人的情绪状态可能受近期的经历、过去的事件等多重因素影响。因此，我们无法简单地通过当前的情绪状态预测其未来的行为，而需要考虑过去一段时间内的情绪波动。这种不确定性正是序列问题的本质所在。

在科学研究中，序列问题也极为常见。例如，科学发现往往是长期积累的结果，而非简单的瞬时事件。牛顿的万有引力定律并不是由某个单一的瞬间观察得出的，而是在长期观察、实验和推理的基础上逐渐形成的结论。因此，科学研究中的状态序列和因果关系不仅依赖于当前的观测数据，还需要对历史数据进行深入分析。

序列模型的核心思想是通过建立时间序列的模型来揭示事物背后的因果链条。无论是在科学研究中推断因果关系，还是在生活中分析复杂的状态变化，序列模型都能够帮助我们从有限的观测数据中推测出不可见的内在规律。因此，培养使用序列模型的思维方式，能够帮助我们更深刻地理解世界中的因果关系，做出更为精准的决策。本节将介绍两种常用的序列模型——隐马尔可夫模型（hidden Markov model，HMM）和最大熵模型（maximum entropy model），并详细探讨它们的构建过程和应用。

笔记栏

（1）隐马尔可夫模型

隐马尔可夫模型是一种基于统计的时间序列模型，其中包含双随机马尔可夫过程，即一条由马尔可夫链描述的隐状态链和一条与状态相关的观测数据链，用于描述一个具有隐含状态的随机过程。如图 3-3 所示，将 HMM 表示为有向图形式，其中圆形节点表示隐藏状态层，方形节点表示观测状态层，节点之间的有向箭头表示节点之间的转移关系。

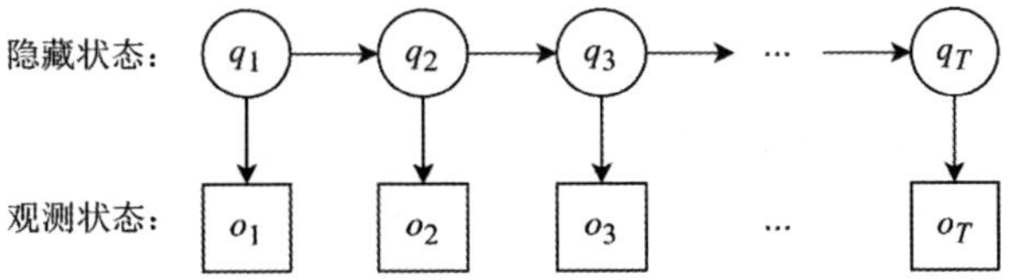

图 3-3　隐马尔可夫模型有向图

与传统的马尔可夫模型不同，隐马尔可夫模型中的状态不可直接观察，而是通过某些可观测的输出与状态之间的概率关系来推断。简单来说，隐马尔可夫模型不仅考虑了系统状态之间的转移，还将状态与可见输出之间的关系引入模型，形成了一个隐含状态与观察数据之间相互作用的过程。

在实际中，隐马尔可夫模型常用于解决系统状态不可直接观测的序列问题。例如，在语音识别中，我们无法直接观测到语音背后的发音状态，而只能通过音频信号进行推测；又如在金融领域，股市的状态（牛市或熊市）不可直接观测，但通过股票价格的波动，我们可以推测出当前的市场状态。隐马尔可夫模型正是通过历史数据的依赖关系，推测出系统的隐藏状态，并利用这些推测进行有效预测。

例如，考虑一个简单的天气预测问题，假设天气有两种状态——晴天和雨天，但我们无法直接观测到天气状态本身，只能通过一些可测量的参数（如气温、湿度等）间接推测。在这种情况下，我们可以使用隐马尔可夫模型对天气状态和观测数据之间的关系建立模型，并预测未来的天气状况。隐马尔可夫模型的关键在于其状态转移的历史依赖性和输出的隐含性质，这些性质使其能够有效处理一些具有复杂依赖结构和不确定性的序列问题。

笔记栏

隐马尔可夫模型的参数主要包括隐藏状态序列、观测状态序列、状态转移概率矩阵、输出概率矩阵以及初始时刻的状态分布概率向量。

①将模型中包含的所有隐藏状态记作 $\{S_1,\ldots,S_N\}$，其中 N 为模型中隐藏状态的数量，则 t 时刻的状态 $q_t\in\{S_1,\ldots,S_N\}$。

②将模型中的所有观测值记作 $\{v_1,\ldots,v_K\}$，其中 K 为观测值的个数，则 t 时刻的观测状态 $o_t\in\{v_1,\ldots,v_K\}$。

③与马尔可夫过程类似，将状态转移概率矩阵记为 $\boldsymbol{A}=\{a_{ij}\}$ $(1\leqslant i,j\leqslant N)$，其中 a_{ij} 表示状态 i 转移到状态 j 的概率。

④在状态 i 下观测值为 v_k 的概率称为输出概率 b_i：

$$b_i(v_k)=P(o_t=v_k\mid q_t=S_i) \tag{3-1}$$

式中：$1\leqslant i\leqslant N$，$1\leqslant k\leqslant K$ 且 $\sum_{k\in K}b_i(v_k)=1$，则观测概率矩阵可记为 $\boldsymbol{B}=\{b_i(v_k)\}$。

⑤模型的初始时刻状态分布概率可表示为

$$\boldsymbol{\pi}=\{\pi_1,\ldots,\pi_i,\ldots,\pi_N\} \tag{3-2}$$

式中：π_i 为模型初始时刻处于状态 i 的概率，且 $\sum_{i=1}^{N}\pi_i=1$。

对于一个给定的隐马尔可夫模型 $x=\{\boldsymbol{\pi},\boldsymbol{A},\boldsymbol{B}\}$，产生一条观测序列的概率为

$$P(q_1,o_1,q_2,o_2,\ldots,q_T,o_T\mid x)=\pi_{q_1}b_{q_1}(o_1)\prod_{t=2}^{T}a_{q_{t-1}q_t}b_{q_t}(o_t) \tag{3-3}$$

隐马尔可夫模型的计算问题可以分为以下三个主要任务。

①评估问题：给定观测序列和模型参数，计算观测序列的概率。例如，在语音识别中，给定一段音频信号，计算该信号出现的概率。该类问题可利用**前向算法**（通过递推计算观测序列的概率，逐步求解每一步的状态概率）进行求解。

②解码问题：给定观测序列，求出最可能的状态序列。例如，在文本情感分析中，给定一段情感词汇序列，找出每个词对应的情感状态（如积极或消极）。这类问题可利用**维特比算法**（利用动态规划方法，从每个时间步的最优路径递推得到整个最优状态序列）进行求解。

③学习问题：给定观测序列和状态序列，估计模型参数。例如，在金融市场中，给定股市历史数据，估计股市的状态转移概率（如上涨或下

跌)。这类问题可利用 **Baum-Welch 算法**(通过迭代优化,估计模型的参数,使得观测数据的似然最大)进行求解。

在实际应用中,HMM 常用于处理诸如语音识别、文本标注、金融时间序列分析等问题。以语音识别为例,假设有一个音频信号的序列(观测状态),希望从中识别出说话的内容(隐藏状态)。通过计算不同音节序列的出现概率,HMM 能够有效地对语音信号进行解码。

隐马尔可夫模型是一种对复杂系统状态转移过程的简化与抽象。该模型假设当前的隐藏状态仅与前一个隐藏状态有关,同时当前可观测的状态只依赖于当前的隐藏状态。这两项假设分别称为齐次马尔可夫假设和观察独立性假设。尽管在实际应用中往往不完全成立,但即便如此,隐马尔可夫模型仍能在许多场景中提供良好的预测效果。

模型的作用是简化复杂的现实问题,帮助我们从中提取出主要矛盾。在实际问题中,虽然模型可能过于简化或忽略某些细节,但如果能够准确抓住问题的核心,简化的模型仍然可以得到有效的解决方案。对于涉及可观测状态和隐藏状态的系统,只要隐藏状态之间存在转移关系,并且可观测状态依赖于隐藏状态生成,那么隐马尔可夫模型便是一个适合的建模工具。

(2)最大熵模型

在许多实际问题中,常常需要从大量的特征中推断某些未知的目标变量,而这些变量通常是离散的。最大熵模型是一种广泛用于分类和预测任务的模型,它基于信息论中的最大熵原理。该模型的基本思想是,在已知条件下选择最不偏倚的概率分布,即在所有满足约束条件的概率分布中,选择熵最大的那个分布,从而避免对未知数据做出不必要的假设。

例如,在文本分类中,通常根据一段文本的特征(如词频、句子长度等)来预测文本的类别。最大熵模型通过考虑所有可能的类别,并根据给定的特征分布,生成一个概率分布。最大化熵的原则保证了模型对数据的最大容忍度,从而避免过度拟合。

最大熵模型特别适合用于那些特征之间有复杂相互关系且希望模型能够自适应地学习特征权重的情形。其优点在于,它能充分利用所有已知的信息,同时避免引入任何额外的假设。

笔记栏

最大熵模型的基本目标是通过训练数据，推断一个最符合观测数据的概率分布。假设有一个离散的分类问题，其目标是预测目标变量 Y 在给定特征向量 X 下的概率分布。该模型的核心是基于特征函数 $f_i(X,Y)$ 和权重向量 θ_i 来定义目标变量 Y 的条件概率分布：

$$P(Y \mid X)=\frac{1}{Z(X)}\exp\left[\sum_{i=1}^{M}\theta_i f_i(X,Y)\right] \tag{3-4}$$

式中：$f_i(X,Y)$ 为特征函数，表示给定输入 X 和目标变量 Y 的特征；θ_i 为特征函数对应的权重，需通过训练数据进行估计；$Z(X)$ 为归一化常数，用于确保 $P(Y \mid X)$ 是一个有效的概率分布。

最大熵模型的目标是通过最大化训练数据的对数似然函数，来估计每个特征函数的权重。对数似然函数为

$$L(\theta)=\sum_{n=1}^{N}\log P\left(y^{(n)} \mid x^{(n)},\theta\right) \tag{3-5}$$

为了估计参数 θ，可通过优化求解问题：

$$\hat{\theta}=\arg\max_{\theta} L(\theta) \tag{3-6}$$

假设要进行情感分析，目标是根据一段文本的词汇特征判断文本是积极的还是消极的。在训练过程中，我们可以提取文本中的各种特征，如“愉快”或“悲伤”等关键词，以及这些关键词出现的频率。最大熵模型将根据这些特征学习最合适的参数，使得给定特定的文本时，模型能够预测文本的情感类别。通过最大熵模型，我们能够根据已知的文本特征，构建一个符合数据分布的概率模型，并根据这个模型对新文本进行分类预测。

最大熵模型是一种基于信息理论的通用建模方法，强调在不违背已知约束条件的前提下，选择最不确定的概率分布，即熵最大的分布。这种“遵循已知、不过度假设”的思想，使最大熵模型在处理复杂、不确定性较高的问题时表现尤为出色。虽然实际问题可能难以完全符合模型的理论假设，但最大熵模型通过充分利用现有信息，避免了对未知信息的主观假设，展现了其强大的灵活性和适应性。在实际应用中，当需要在多个可能性之间进行选择，并且只能基于有限的信息约束推导概率分布时，最大熵模型常常能够提供科学合理的解决方案。

3.3.4　分类模型：数据的分组与归类

分类模型通常用于解决分类问题。分类问题的目标是尽可能缩小同类之间的差异（类内距离），同时最大化不同类别之间的差异（类间距离）。适当的分类模型有助于快速识别并归类相似的事物，进而高效整合资源，提高决策效率。相反，不合适的分类模型则可能导致错误的分类，形成刻板印象，进而影响决策的准确性。因此，选择和构建合适的分类模型至关重要。

本节介绍两种常用的分类模型——逻辑回归模型和支持向量机模型，并详细探讨它们的构建过程和应用。

（1）逻辑回归模型

在日常生活中，我们常常会遇到需要选择和判断的情况。比如，在线购物平台系统会根据用户的浏览记录、购买历史、产品评价等信息，向用户推荐他们可能感兴趣的商品。系统会根据这些特征，预测一个商品是否符合用户的偏好，并将结果分类为“推荐”或“不推荐”。在这个典型的二分类问题中，利用逻辑回归模型就可以通过学习用户的历史行为数据，帮助系统判断商品的推荐情况，从而提高用户体验。

在医学领域，逻辑回归模型也广泛应用于疾病预测与诊断。例如，在糖尿病风险评估中，医生会根据患者的年龄、体重、血糖水平、家族病史等因素，判断患者是否有患糖尿病的风险。如果预测结果为高风险，医生可能会建议患者调整生活方式；如果预测结果为低风险，则继续保持观察。这一过程同样是一个二分类问题，使用逻辑回归模型进行分析，可以帮助医生做出更精准的健康管理决策。

通过这两个例子，我们可以清楚地看到回归和分类的区别。回归问题通常预测一个连续值，如预测某个患者的血糖水平，而分类问题则是将结果归类为离散的类别，如“推荐”或“不推荐”，“高风险”或“低风险”。在这些任务中，逻辑回归模型通过对输入特征进行加权和计算，帮助人们做出有效的决策。

逻辑回归模型的核心目标是将输入的特征映射到一个概率值，并根据这个概率值判断结果属于某一类别。在分类问题中，逻辑回归模型尝试学习一个决策边界，判断数据点属于“类别 1”还是“类别 0”或其他类

笔记栏

别。其工作原理基于 Sigmoid 函数，这个函数又称逻辑函数或 S 函数，可将实数域上的数转换为[0, 1]。

逻辑回归的输入是特征向量 $x=\left[x_1,x_2,\ldots,x_n\right]$，其中 x_n 是第 n 个特征。模型通过对特征进行加权，得到加权和：

$$z=\omega_0+\omega_1x_1+\omega_2x_2+\cdots+\omega_nx_n \tag{3-7}$$

式中：ω_n 为模型的参数（权重）；z 为输入特征的加权和，它是一个线性值。

为了将这个线性值转换为概率值（分类结果属于某一类别的概率），使用前文提到的 Sigmoid 函数，其定义如下：

$$\sigma(z)=\frac{1}{1+\mathrm{e}^{-z}} \tag{3-8}$$

Sigmoid 函数能够将输入数据的线性加权和映射为一个 0 和 1 之间的概率值。通过计算得到的输出 $\hat{y}=\sigma(z)$ 表示该样本属于某个类别的概率，即该概率值大于某个阈值（通常设定为 0.5），则输出类别为“1”或“是”，否则输出为“0”或“否”。

为了训练逻辑回归模型，需要定义一个损失函数，用来衡量模型预测值与真实值之间的差距。最常用的损失函数是交叉熵损失函数：

$$L(\hat{y},y)=-\left[y\log(\hat{y})+(1-y)\log(1-\hat{y})\right] \tag{3-9}$$

式中：$\hat{y}$ 为模型的预测值；y 为真实标签。损失函数的目标是最小化预测值与真实标签之间的差距，进而通过梯度下降法优化模型的参数，即通过计算损失函数对参数的梯度，并根据梯度调整参数，使得损失函数逐渐减小，最终找到一组最优参数。

假设有一个数据集，其中包含多位患者的各种特征，如年龄、体重、血糖水平等，医生希望根据这些特征预测患者是否有患糖尿病的风险，处理这种典型的二分类问题的基本步骤如下。

①收集数据：收集患者的特征数据，例如年龄、体重、血糖水平、家族病史等，以及是否患有糖尿病的标签（“0”表示未患病，“1”表示患病）。

②数据预处理：对数据进行清洗和标准化，确保每个特征在合理的范围内。

③模型训练：使用逻辑回归模型进行训练，利用患者的特征预测其患糖尿病的风险。通过最小化交叉熵损失函数，调整模型的参数，使其

能够准确地预测结果。

④模型评估:使用准确率、召回率等指标评估模型的效果。如果模型效果不理想,可以通过调整特征、增加样本量或使用正则化技术进行进一步优化。

在这个过程中,逻辑回归模型通过学习患者的特征与糖尿病标签之间的关系,帮助医生判断一个新患者是否有患糖尿病的风险,从而提供科学的健康管理建议。

逻辑回归是一种简单而有效的分类算法,通过对输入特征进行加权求和并通过 Sigmoid 函数将加权和映射到概率值,最终做出分类判断。通过优化参数,模型可适应各种分类任务,如用于医学诊断、金融风控、广告推荐等领域。

(2)支持向量机模型

支持向量机(support vector machine,SVM)是一种强大的分类算法,特别适用于高维数据和复杂的分类问题。它的核心思想是通过构建一个超平面(hyperplane),将不同类别的样本尽可能地分开,最大化类别之间的间隔,从而实现高效分类。

假设有一个二分类问题,数据点 $x_1,x_2,\ldots,x_n$ 需要被分为两类(例如"正常"和"异常")。SVM 通过寻找一个超平面 $w\cdot x+b=0$ 将数据点划分为两个区域。

①**超平面**:一个平面将特征空间分为两部分,在二维空间中是直线,在三维空间中是平面,在更高维度则是高维的超平面。

②**间隔**:到超平面最近的数据点的距离。SVM 的目标是找到一个超平面,使得类别间的间隔最大化。

支持向量是距离超平面最近的那些样本点。SVM 的核心思想是利用这些支持向量构建最优分类模型,而不是依赖整个数据集。最优超平面是通过最大化间隔来选择的,目的是让分类器具有更好的泛化能力,避免过拟合。具体来说,最优超平面的选择通过以下模型来优化:

$$\max \frac{2}{\|w\|} \tag{3-10}$$

式中:w 为超平面的法向量;$\|w\|$ 为法向量的模,反映了间隔的大小。通过调节 w 和偏置 b 来最大化间隔。

笔记栏

对于非线性可分的问题，SVM 引入了核函数的概念。核函数将数据从原始空间映射到更高维的空间，从而使得高维空间中的数据变得线性可分。常用的核函数包括多项式核、径向基核（RBF）等。

SVM 使用损失函数衡量分类器的误差，并通过优化该损失函数找到最优超平面。对于硬间隔 SVM，损失函数可以表示为

$$L(w,b)=\sum_{i=1}^{n}\max\left[0,1-y_i\left(w\cdot x_i+b\right)\right] \tag{3-11}$$

式中：y_i 为样本的真实标签；x_i 为样本特征。SVM 的优化目标是使这个损失函数最小化，使得每个样本尽可能正确地分类。该问题可通过拉格朗日乘数法进行求解，最终转化为一个二次规划问题。通过使用优化算法（如 SMO 算法），SVM 可以高效地计算最优超平面和支持向量。

假设有一个垃圾邮件分类问题：电子邮件系统需要根据邮件的内容、发件人、发送时间等特征，判断邮件是否为垃圾邮件。利用 SVM 解决该二分类问题可通过以下基本步骤进行。

①收集数据：收集大量邮件的特征数据，包括邮件的词频、发送者信息等，并标注每封邮件是否为垃圾邮件（“1”表示垃圾邮件，“0”表示正常邮件）。

②数据预处理：对邮件内容进行文本处理，如去除停用词、提取关键词等。

③训练模型：使用 SVM 模型训练邮件数据，SVM 通过寻找最优超平面来区分垃圾邮件和正常邮件。

④模型评估：使用准确率、召回率等指标来评估 SVM 模型的表现。如果模型在垃圾邮件的分类上表现不佳，可以考虑调整核函数或使用更复杂的特征。

在这个过程中，SVM 通过构建一个超平面，将邮件数据划分为垃圾邮件和正常邮件两类，从而实现自动化的垃圾邮件识别。

SVM 的优势在于它能够处理高维数据，并且在处理非线性问题时，通过核技巧提供了非常强大的能力。SVM 在许多实际应用中表现优异，如文本分类、图像识别、生物信息学等领域，已成为机器学习和数据挖掘中的重要工具。

尽管逻辑回归模型和支持向量机模型能够有效地进行分类，但它们

笔记栏

并不是唯一的选择。其他分类模型,如决策树模型、随机森林模型、神经网络模型等,均有各自的优缺点,适用于不同类型的数据和问题。选择合适的分类模型需要参照实际问题的性质。

3.4 人工智能辅助下的模型建立

随着人工智能技术的快速发展,尤其是机器学习和深度学习领域的突破,AI 辅助建模与优化已经成为现代研究和工程中的重要方向。人工智能的引入使得模型的建立更加高效、精确,并能够处理复杂的非线性关系、海量数据和高维度问题。AI 驱动的数据建模与优化不仅改变了传统的建模方式,也极大地提升了模型的适应性和稳健性。

3.4.1 AI 驱动的数据建模

传统的数据建模通常依赖于显式的假设与规则,而 AI 驱动的数据建模则依赖于算法自动从数据中学习潜在规律。在这一过程中,人工智能的主要优势体现在以下方面。

(1)自动特征提取与选择

在传统的建模方法中,特征工程往往需要大量的人工干预和领域知识。通过深度学习等技术,AI 可以自动从数据中提取重要特征,减少人工设计特征的工作量。例如,在图像识别任务中,卷积神经网络(convolutional neural networks,CNN)可以自动识别图像中的重要特征,而无须人工指定像素或形状特征。这种自适应的特征选择方法极大地提高了建模的效率和准确性。

(2)复杂非线性关系建模

人工智能模型,尤其是深度神经网络,在捕捉复杂的非线性关系方面表现得尤为出色。传统的回归分析或线性模型通常假设输入与输出之间存在线性关系,而在许多实际问题中,这种假设并不成立。AI 能够通过多层网络结构学习数据中的复杂模式,从而极大地提高模型的拟合能力和预测准确性。

(3)多源数据融合

现代数据常常来源于多个渠道,如传感器数据、文本数据、图像数据

笔记栏

等。通过深度学习和集成学习等，AI 能够有效地融合来自不同数据源的信息，从而构建更全面、更精准的模型。例如，通过自然语言处理技术，AI 可以将文本数据与结构化数据相结合，提供更加丰富的信息以支持决策过程。

3.4.2 AI 驱动的模型优化

模型优化是机器学习中的一个重要任务，目的是通过不断调整模型参数和结构，提高其性能。AI 可以通过以下方式高效地进行模型优化。

（1）自动化超参数调优

超参数的选择对模型的性能有着决定性的影响。传统的超参数调优方法依赖于人工经验或者网格搜索，这些方法往往效率低下且成本高昂。AI 通过强化学习、贝叶斯优化等技术，能够自动地搜索超参数空间，并快速找到最优参数组合。例如，贝叶斯优化通过建立一个代理模型来预测不同超参数组合的性能，并选择最有希望改善性能的参数进行探索，从而减少不必要的试探和计算量。

（2）进化算法与遗传算法

进化算法和遗传算法在优化问题中具有广泛应用，尤其是在处理高维复杂问题时，它们能够高效地进行全局搜索。AI 可以利用这些算法自动化搜索解空间，寻找最佳的模型结构、参数配置或解决方案。比如，遗传算法可以模拟自然选择过程，通过不断的交叉和变异操作，优化模型的参数和结构，使其达到最优性能。

（3）深度强化学习的模型自优化

强化学习是人工智能中的一个重要分支，它通过与环境的交互学习最优决策策略。深度强化学习将深度学习与强化学习相结合，使得 AI 不仅可以通过模拟环境与数据进行优化，而且能够在复杂和动态的环境中自我调整。在模型优化中，深度强化学习可用于自动调整网络架构、学习率等，甚至通过交互优化模型输出的策略和决策过程。

（4）神经架构搜索

神经架构搜索（neural architecture search，NAS）是 AI 领域的一项重要技术，它通过 AI 模型自动探索神经网络结构，提高模型的性能。传统的神经网络设计依赖人工经验和启发式规则，而 NAS 通过强化学习或

笔记栏

进化算法，能够自动生成适应特定任务的最优神经网络架构。例如，Google 的 AutoML 就通过 NAS 技术自动搜索最佳的神经网络架构，这显著提升了模型在多个领域的性能。

3.4.3　AI 在模型建立中的应用场景

（1）智能制造与生产优化

在智能制造领域，AI 可以通过对生产数据的深度分析和建模，实现生产过程的优化。例如，通过使用深度学习模型预测生产线中的设备故障，并进行故障预测和维护调度，从而减少停机时间和生产损失。此外，AI 可以优化生产流程，减少能源消耗，并提高生产效率。

（2）金融领域的风险预测与投资决策

在金融领域，AI 通过对大量市场数据、新闻、社交媒体等非结构化数据进行分析，建立更加准确的信用评分模型和风险预测模型。AI 还可以帮助投资者在海量数据中发现潜在的投资机会，通过算法优化交易策略，减少人为操作失误带来的风险。

（3）医学影像与疾病诊断

在医学影像分析中，AI 驱动的模型能够从医学图像中自动提取特征，并进行分类与预测。深度学习模型，特别是 CNN，已经广泛应用于癌症检测、器官识别等领域，显著提高了诊断的准确性和效率。此外，AI 还能帮助医学专家快速筛选病患信息，提供个性化的治疗建议，从而改善医疗服务质量。

尽管 AI 驱动的数据建模与优化在许多领域取得了显著成效，但仍然面临一些挑战。首先，AI 模型的训练过程通常需要大量的标注数据，而某些领域的数据获取存在困难或费用高昂。其次，AI 模型的“黑箱”特性使得其决策过程不够透明，难以解释和理解，这在某些高风险领域，如医疗和金融，可能带来不小的风险。此外，AI 的泛化能力仍然是一个挑战，如何使 AI 模型在不同的环境和场景下保持良好的表现是未来研究的重要方向。

总的来说，AI 辅助下的数据建模与优化正处于飞速发展的阶段，未来随着技术的不断突破，AI 将更加广泛地应用于各个领域，为我们解决复杂的建模与优化问题提供强有力的支持。

第4章

提示工程基础:技术与方法

笔记栏

提示词是大语言模型领域中的关键术语，也是人类与 AI 模型进行沟通不可或缺的桥梁。提示词可以理解为触发词、引导词或问题，通过它，人们可以引导大语言模型生成有关特定主题或内容的回应。提示工程技术（prompt engineering technology）是设计和优化提示词的艺术。提示工程技术关注的不仅是如何提出问题，更重要的是如何构建一种语境，让机器理解人类的意图，从而产生预期的、高质量的响应。本章将介绍如何设计更优秀的提示词以提高 AI 模型的理解和生成能力。需要注意的是，现在许多更为强大的 AI 模型（如 ChatGPT-4o 等）已经能凭借简单的指示直接输出正确答案，本章的有些技巧可能不再像过去那么重要，但本书仍用简短的篇幅对其进行介绍。这样做的目的有两个：第一，希望帮助读者层层递进地理解使用提示词来调教大模型的巧思，为读者的实际使用抛砖引玉；第二，当由于某些原因不能使用最新版的大模型时，读者能通过为初级模型构建有效的提示，获得满意的输出。

4.1 提示工程基础知识

4.1.1 提示工程的基本技术原理

提示工程的核心概念是设计和撰写提示词，通过这些提示词引导大语言模型生成符合特定要求的输出。尽管提示工程根植于人类的语言艺术，但其与 AI 大语言模型的技术复杂性深深交织在一起。为了更好地理解提示工程的工作原理，我们应先了解大语言模型的技术原理。

①**模型架构**：当前大部分大语言模型都是基于 Transformer 架构构建的。Transformer 架构允许模型处理大量数据，并通过自注意力机制理解输入文本的上下文。制作有效的提示通常需要了解这些底层架构。

②**训练数据和标记**：大语言模型通常在庞大的文本数据集上进行训练，模型将输入数据分割成更小的单元（如词语或子词）进行处理。数据的标记方式（如基于单词、字节对等）会影响模型对提示的理解。例如，不同的标记化策略可能会导致相同的词语被模型以不同的方式解读，从而影响输出结果。

③**模型参数规模**:大语言模型拥有数百万甚至数十亿个参数,这些参数通过训练不断微调,用以调整模型对提示的响应方式。了解这些参数如何影响输出,有助于在设计提示时更加精准地引导模型产生所期望的响应。

④**温度和 Top-k 采样**:在生成响应时,模型通常会使用温度和 Top-k 采样等方法来控制输出的随机性和多样性。例如,较高的温度值会导致模型产生更多样化的结果,但可能牺牲一定的准确性。对这些参数进行调整,可以在保证质量的同时,控制生成内容的多样性。

⑤**损失函数和梯度**:在较深的层面,模型的训练过程受损失函数和梯度的影响。损失函数衡量模型输出与预期输出之间的差距,而梯度则指导模型在训练过程中如何调整其参数。虽然在实际应用中,我们通常不会直接调整这些参数,但了解它们如何影响模型行为,可以帮助我们更好地理解模型的生成机制。

值得注意的是,本书在此处介绍的大语言模型的核心技术原理仍只是冰山一角,如果读者希望深入了解这些技术原理的细节,建议参考相关的学术资料或技术书籍,以加深对大语言模型运作机制以及提示工程技术的理解。

了解大语言模型的基本技术原理后,自然可看到提示工程技术与这些技术原理之间的紧密联系。提示工程技术并非单纯依赖于经验或直觉,而是建立在对大语言模型内部运作原理的深刻理解之上的。AI 大语言模型通常基于预训练语言模型(pre-trained language model, PLM),这类模型通常在大规模未标注文本数据上进行预训练,从而学习到丰富的语言表示。预训练的目标是通过语言建模任务最大化预测给定上下文中的下一个单词的概率。在预训练过程中,模型会学习词汇之间的统计关系以及语法和语义规则。在完成预训练之后,模型可以通过微调(fine-tuning)来适应特定的任务。然而,微调需要大量的标注数据,这在实际应用中往往难以获取。

提示工程的核心思想是在不改变模型参数的情况下,通过设计特定的提示词,引导模型生成期望的输出。提示词实际上是一种特殊的输入序列,它为模型提供了生成内容的隐式指导。例如,在问答任务中,提示词可以是“问题:A;答案:B”的结构,帮助模型识别问题和答案的关系,

笔记栏

并据此生成合理的回答。

从数学角度来看,对于一个预训练语言模型$P(\theta)$,其中θ代表模型参数,对于给定的一个提示词序列$x=(x_1,x_2,\ldots,x_n)$,模型的目标是在该提示词的条件下最大化地生成目标序列$y=(y_1,y_2,\ldots,y_n)$的条件概率$P(y\mid x;\theta)$。这个过程可以通过式(4-1)表达。

$$P(y\mid x;\theta)=\prod_{i=1}^{m}P(y_i\mid y_{<i},x;\theta) \tag{4-1}$$

式中:$P(y_i\mid y_{<i},x;\theta)$表示在给定前面的所有生成词$y_{<i}$和提示词$x$的情况下生成第$i$个词的概率。

预训练模型之所以能有效响应提示词,主要得益于其强大的表征能力和灵活的注意力机制。预训练模型通过多层 Transformer 架构来提取输入文本的深层特征。每一层都包含自注意力模块,使模型在处理当前词时考虑整个输入序列中的所有其他词的信息。这种全局依赖性使得模型能够捕捉到长距离的依赖关系,并有效响应不同位置的提示词。注意力机制允许模型根据输入的不同部分动态地调整其权重分配。具体来说,在处理提示词时,模型会计算每个词与其他词之间的相关性得分,并据此调整后续生成过程中的权重分布。这一机制使得模型能够专注于提示词中最重要的部分,并据此生成更准确的答案。例如,在处理提示词“问题:…… 答案:”时,模型会特别关注“问题:”后的部分,因为这部分提供了生成答案所需的关键信息。

总而言之,大语言模型通过其强大的表征能力和注意力机制,能够高效理解并处理各种形式的提示词,从而无须微调即可完成多种任务。这不仅大大降低了模型应用的成本,还为自然语言处理领域开辟了全新的可能性。

4.1.2 提示工程的基本思路

提示工程并非简单地通过构建提示词一次性解决用户的需求。为了充分发挥 AI 模型的能力,并确保其行为与用户意图保持一致,优化和完善提示词是一个至关重要的过程。这一迭代过程是人类智能与人工智能的有机结合,既依赖于人类的创造力和直觉,也需要对语言进行深刻理解。

笔记栏

提示工程的核心目标是**设计有效的提示词**,并提供相关信息,以充分利用大语言模型的潜力,帮助用户完成真正需要解决的任务。我们可以将大语言模型视为一个拥有广博的知识并精通各种任务的强大助手,但是它并不完全了解用户所处的特定环境,尤其是某些行业的细分领域知识以及具体任务的要求。那么在给这个助手分派任务的时候,就需要考虑我们想要什么,这个助手擅长什么,我们想让它具体做什么,以及如何评估结果的质量。

总的来说,提示工程的基本思路如下。

①**明确需求**:首先需要清晰定义希望模型完成的任务或解决的问题。提示词基于用户对任务的透彻理解,并且通过语言清晰地表述出来。正如我们在工作中给人分派任务一样,简单的任务描述往往是不够的,我们需要将各方面的要求阐释清楚甚至提供好的样例使对方准确理解我们的意思,对大语言模型亦然。

②**选择合适的提示技术**:我们需要根据任务复杂度,选择合适的提示技术。对于一些简单的任务,一些基础的提示词设计技巧就可能让我们获取较为满意的回复;对于一些较为复杂的任务,如逻辑推理等,我们需要结合具体情况,使用一些更为高阶的提示策略。常见策略包括思维链提示、知识生成、从简到繁提示等。

③**构建提示词**:根据任务需求,依据提示词的设计原则,构建清晰、具体的提示词。结构良好的提示可以有效地利用模型的潜力,产生高质量且针对特定任务的响应。提示词应包含明确的指令、相关的上下文信息,以及必要的示例,以帮助模型理解任务要求。

④**评估输出**:检查响应是否与意图一致并满足条件。提示工程要求用户有一套方法来评估提示词的好坏。大语言模型的能力固然强大,但最后它输出的结果可能不符合要求,好的提示词应当能够在多次使用中均使模型输出优质的结果。

⑤**迭代并完善提示**:迭代和改进提示是提示工程中的一个重要步骤,它基于对模型响应的评估。此阶段的重点是根据模型输出中发现的缺点或缺陷来提高提示的有效性。我们需要根据评估结果进行必要的调整,包括调整提示词的措辞、结构或内容,反复迭代,直至获得满意的输出。这一过程强调了提示工程的本质——对人类语言的微调。

笔记栏

⑥**管理与维护**：随着对AI大语言模型的应用不断增长和复杂化，持续管理和维护大量的提示词变得至关重要。这包括组织、存储和检索提示词，以便在需要时能够快速找到并使用它们。同时，还需要定期更新和维护这些提示词并持续管理和维护，以适应AI模型的改进。

总而言之，以当前大语言模型出色的人类语言理解和表达能力，人们完全可以将其想象成一个智能助手，然后思考如何通过精心设计的沟通方式，让它更高效地帮助我们完成手头的任务。这种沟通方式不仅是简单的指令输入，更是一个精细化、富有创造性和迭代的过程。许多实际操作的案例表明，写出优质提示词需要充分发挥想象力和创造力，某些看似不起眼的改动，比如调整用词、改变句式或增加上下文背景，可能带来出其不意的效果。这种对语言的微调艺术在AI大语言模型的实践应用中显得尤为重要，因为它直接影响模型的输出质量，使其更贴近使用者的需求和期望。在不断试验与优化中，提示工程也正成为人类智能与人工智能协作的一种独特方式，是技术与创造力的完美结合。

4.1.3 提示词的基本要素

提示词是提示工程的重要内容，AI大语言模型一般可以通过简单的提示词获得大量输出响应，但响应结果的质量与所提供的信息数量和完善度有关。一个提示词可以包含传递到模型的指令或问题等信息，也可以包含其他详细信息，如上下文、输入或示例等。利用这些元素可以更好地指导模型，从而获得更好的结果。这也是本书围绕提示工程所探讨的重点：如何设计出最佳提示词，指导大语言模型辅助用户高效完成日常科研、学习和工作任务。

提示词一般包括以下任意要素的组合。

①指令：想要模型执行的特定任务或指令。

②上下文：包含外部信息或额外的上下文信息，引导语言模型更好地响应。

③输入数据：用户输入的内容或问题。

④输出指示：指定输出的类型或格式。

下面是一个提示词的示例。

笔记栏

示例：

提示词：

请用通俗易懂的语言简要介绍人工智能技术，说明其核心概念（如机器学习、深度学习等）、应用领域（如医疗、金融、自动驾驶等），以及其对社会发展的意义，同时提及技术可能带来的挑战（如伦理、安全性和隐私问题），并生成一段 150~200 字的文字，让不了解人工智能技术的人能够快速理解其基本概念、实际应用及潜在影响。

在上面的示例中，指令是“简要介绍人工智能技术”，并明确要包含核心概念、应用领域及对社会发展的意义。上下文是所嵌入的有关人工智能技术的背景信息（概念、应用及挑战），这些信息将为大语言模型提供生成内容的方向。输入数据指的是关键词“机器学习”“深度学习”“医疗”等，这些关键词能够确保生成内容覆盖重要内容点。输出指示则是要求“生成一段 150~200 字的文字”，明确了输出形式和范围。

4.1.4　设计提示词的原则

在设计提示信息时需要遵循一些原则，以确保生成结果的质量和可控性。本书将设计提示词的基本原则总结为以下五条：①明确指示的任务和目标；②将复杂任务拆解为简单的子任务；③使用清晰的结构；④使用精确的表述；⑤提供充分的上下文信息。

接下来将通过一些案例对这五条原则进行简单介绍。

（1）明确指示的任务和目标

在设计提示词时，我们必须意识到，人类语言本质上是一种对知识的压缩和简化形式，往往伴随着模糊性。这种模糊性可能导致人类意图的表达不够清晰，从而提高机器理解人类意图的难度。同时，大语言模型无法像人类一样通过直觉或第六感感知需求，而是完全依赖于提示词及上下文信息。实际上，大语言模型并未预先使用我们的全部个人数据进行训练，因此它既不了解我们的背景，也无法准确地预测我们具体的需求，除非我们明确地提供相关信息。因此，在与 AI 系统交互时，提示词的设计需要尽可能清晰、明确地表达**任务要求**和**期望的输出结果**。

明确指示任务与目标，需要结合广泛和深入的思考，考虑问题的本

笔记栏

质、相关细节、不同角度、影响因素等，找到问题的关键所在，提出更为精确和有价值的问题。一个有效的问题不仅包含清晰的指令，还需要明确地传达背景信息和期望的输出形式。反之，如果问题设计不充分，模型可能会基于模糊的指示给出偏离目标的回答。我们需要在实践应用中不断地提升自己看问题的深度和广度，培养提出有效问题的能力。第2章中阐述了提问的本质和提问模型的构建方法，在向大语言模型进行提问时，我们可以借助这些方法和模型让大语言模型更好地理解我们的意图和目标。举个例子，假设一家公司正在尝试部署人工智能技术来优化客户服务流程，但效果并不理想。作为项目负责人，如果只是简单地问团队“为什么AI优化没有达到预期效果”，可能无法找到问题真正的原因。这种表面的提问可能只会得到一些笼统的回答，比如“技术不够成熟”或“客户数据不足”，但这些答案浮于表面，没有触及问题的核心本质。

但提升看问题的深度并明确目的后再去提问，对话的过程应该是这样的。

①问题的本质是什么？深层原因是什么？

例如，AI优化未达预期的本质原因可能是AI模型的设计与客户需求之间存在错位，深层原因可能包括数据偏差、模型训练不足或对客户行为缺乏深刻理解。

②有哪些相关的细节或前提假设？这些细节或假设是否合理？

比如，团队可能假设“客户服务流程存在的主要问题是响应时间过长”，因此利用AI设计的解决方案主要关注自动化回复。但是，这一假设是否正确？是否有数据支持？也许客户真正关心的是回复质量而非速度。

③不同的利益相关方会如何看待这个问题？他们的需求和诉求是什么？

AI系统的设计可能需要平衡客户、客服人员和公司管理层的需求。例如，客户期望问题快速且准确地得到解决；客服人员可能担心AI会取代他们的岗位；管理层则希望通过AI降低成本、提升效率。这些不同利益相关方的需求可能在方案设计中没有得到充分考量。

④时间和环境会对这个问题产生什么影响？随着时间推移，问题会

发生怎样的变化?

例如,随着客户使用 AI 客服的习惯逐渐养成,他们的期望也会发生变化。如果系统没有及时升级,AI 优化的效果可能会下降。此外,竞争对手的 AI 系统可能在功能和体验上更优,导致客户流失。

⑤有哪些相关的原则、理论或模型可以应用于这个问题?

可以参考“人机协作模型”或“用户体验设计原则”,分析 AI 与人工客服如何高效协同工作,提升整体服务体验。同时,机器学习中的“数据偏差分析”理论也可以用来评估训练数据的代表性和有效性。

⑥解决这个问题会产生哪些影响或结果? 这些影响和结果的重要性如何?

例如,改进 AI 客服模型的设计,不仅可以提升客户满意度,还能够减轻人工客服的压力,使他们有更多精力处理复杂问题。这种改进还可能使公司建立起技术领先优势,从而在行业竞争中占据主动。

总之,以上的对话过程十分耗费精力,但是通过不断追问,可能会发现问题的本质,找到问题的关键所在,提出更为精确和有价值的问题,从而驱动大语言模型。

(2)将复杂任务拆解为简单的子任务

当与人对话时,我们会自然地一步步提问,以确保对方理解我们的意思,也方便我们理解对方的答案。在与 AI 大语言模型对话时,这种方法同样适用。尤其当我们面对复杂问题或多层次的主题时,将它们分解成更简单、易于处理的子问题,可以显著提高人机交流的效率和精准性。在与大语言模型进行单轮对话时,如果加入的内容涉及太多方面,可能会让 AI 忽略某些要点,无法提供针对某些特定方面的答案。因此,不必试图将所有信息强行压缩进一个提示词中,而是应采取多轮互动的方式。分步骤提出问题,既可以让 AI 的反馈更加清晰,也能针对不同层面逐步解决问题。这种逐步提问的方法能够让 AI 保持专注,从而生成更准确、更相关的回答。

此外,还需要考虑问题各部分之间的关联性。如果一些主题紧密相关或具有连续性,最好将它们放在同一个对话中,以保持上下文的完整性。反之,如果一些主题彼此独立,没有关联,则可以将它们置于不同的对话中,这样可以让讨论更加清晰,逻辑结构更为合理。通过这种方法,

笔记栏

与AI大语言模型的互动将变得更高效、更深入。逐步提问不仅有助于梳理复杂问题，还能更好地利用AI的能力，最终带来更准确、更有价值的结果。

例如，想让大语言模型帮我们设计一个聊天机器人时，“帮我设计一个能够和用户聊天的机器人”的提问方式显然过于宽泛，并没有细化具体功能或目标。为了获得更具体、更有价值的结果，可以将这个开发任务拆解为以下多个子任务。

①“设计一个聊天机器人的功能需求，重点包括问答功能和情感分析功能。”

②“请推荐适合的NLP模型或框架，用于实现问答系统。”

③“基于以下训练数据，设计意图识别模块，用于对用户问题进行分类。”

④“如何设计聊天机器人的对话流程，使其能够根据用户输入动态调整回应？”

(3)使用清晰的结构

为了让大语言模型发挥最佳性能，使用清晰的结构是至关重要的。明确任务的具体要求，并规定输出格式，可以显著提升生成内容的质量和实用性，确保其一致性和规范性。通过规定输出格式，例如指定模型以段落或表格的形式组织内容，或者要求输出结果具备特定的格式(如标题层次、字体大小、颜色标注等)，可以让生成的结果更符合预期目标。

此外，清晰的结构不仅有助于模型理解任务要求，还能帮助用户快速解读生成结果。例如，在生成长文本时，可以规定标题、摘要、正文、结论的顺序与层级；在生成技术文档时，可以要求使用表格显示数据或用编号清晰呈现步骤；甚至在生成创意类内容时，也可以规定字数限制、语气风格或段落结构。这些细化的要求能最大限度地减少内容偏差，让输出结果更具可操作性和参考价值。总而言之，通过合理设计提示词并明确规定输出的结构和格式，用户不仅能引导大语言模型输出更为精准的内容，还能显著提升人机协作的效率，使生成的结果更好地满足实际需求。

通过下面这个例子，可以直观地看到何为结构清晰的提示词。

笔记栏

示例:

初始提示词:	结构清晰的提示词:
帮我写一篇关于人工智能的文章,内容要全面一点。	请写一篇关于人工智能在医疗领域应用的文章,内容包括以下部分: 1. 简要介绍人工智能在医疗领域的现状(100 字左右); 2. 具体应用案例,例如诊断、治疗辅助和药物研发(每个案例 200 字左右); 3. 当前的挑战及未来的发展方向(150 字左右)。 文章需逻辑清晰,使用正式语气。

在这个示例中,优化后的提示词清晰地指出主题是"人工智能在医疗领域的应用",避免了泛化;明确了文章需要包括的部分和内容分布(现状、案例、挑战与未来);同时还规定了字数范围和语气风格。这些结构更为清晰的提示词可以帮助模型更好地理解任务需求,使生成的内容更符合期望。

此外,我们还需要关注分隔符(标点符号和换行符)在提示词表述中的重要作用。它们不仅能发挥明确的分隔效果(语句或词语之间),还能有效展现语言的结构层次,从而更准确地传达语义信息。对于大语言模型而言,恰当地使用标点符号和换行符,不仅可以帮助模型更清晰地理解输入内容,还能提高其根据提示生成合适回答的能力。表 4-1 汇总了一些常见分隔符在提示词中的具体作用,可供参考。值得注意的是,在设计提示词时,我们应当遵循目标语言的语法规则和标点符号的使用惯例,注意避免滥用分隔符,因为这可能会导致出现歧义。对于多语言环境的 AI 模型,还应注意不同语言之间分隔符的差异。

表 4-1　提示词中常用的分隔符

分隔符	作用	示例
冒号 (:)	冒号通常用于引出说明或解释。冒号可用于引导后续的具体描述或详细要求,从而使任务的表达更清晰明确	请列出以下主题的优缺点:深度学习与传统机器学习

笔记栏

续表

分隔符	作用	示例
换行符	换行符用于将文本分隔成多行内容。换行符可以有效地组织问题或表达不同的想法,使结构更加清晰,便于阅读和理解	请比较以下技术: 人工智能 机器学习 深度学习
分号 (;)	分号用于分隔两个相关但独立的句子,或用于分隔包含逗号的复杂列表。分号可清晰地组织多个相关问题或概念,避免信息混乱	请解释支持向量机的原理;同时说明它在分类问题中的应用
井号 (#)	井号常用于表示指令,也可用于单行或多行输入数据的分隔。可以左右包裹内容,也可以只在左侧使用	###请将以下英文翻译为中文###
引号 (“”或‘’)	引号通常用于表示引用的文本或特定的短语。引号可用来突出或强调某些特定的词语、短语或表达,从而引导模型将重点放在这些内容上,避免歧义	请解释“梯度下降法”在机器学习中的作用
括号 (( ))	括号用于在句子中补充额外的信息或进行解释说明。括号可用来提供更多背景信息、上下文或额外细节,从而帮助模型更全面地理解问题并生成更精确的回答	请解释卷积神经网络(CNN)在图像识别中的应用
破折号 (——)	破折号用于表示中断或强调。破折号可用于引入一个相关的概念或强调某个关键点	Python 编程——解释列表推导式的用法

(4)使用精确的表述

为了让大语言模型生成高质量的内容,使用精确的表述至关重要。清晰明确地传达任务的核心意图,并精准描述关键要求,可以有效减少模型理解过程中的歧义,从而提高输出结果的准确性和相关性。通过使用具体的词汇、明确的语法结构,以及对语境进行精确描述,能够让模型更好地把握任务的重点,并按照预期目标生成内容。精确的表述不仅有助于模型准确解析输入,还能帮助用户获得更贴近需求的输出。例如,在描述复杂任务时,可以明确规定模型需要覆盖的核心要素或关注的细节;在涉及专业领域时,可以使用精确的术语以确保生成内容的专业性;甚至在创意类任务中,也可以通过细化语气、风格和格式要求,进一步减小生成偏差。通过这种方式,用户可以更高效地引导模型生成贴合实际需求的内容。

笔记栏

假如我们希望 AI 大语言模型帮我们简单总结一篇短文的主要内容,下面这个示例展示了不同提示词、不同大模型输出结果的差异。

示例:

<table>
<tr><td colspan="2">
示例文章(节选自《让人工智能造福全人类》(《人民日报》(海外版)2024 年 09 月 14 日第 6 版)):

为期三天的第三届全球人工智能峰会 9 月 10 日在沙特首都利雅得拉开帷幕。穿梭在虚拟空间与现实之间炫酷演出、灵活变换各种姿势行走的机器狗、轻松自如的人机实时对话、亦真亦幻的跨界技能培训……峰会上的一切都让人实实在在地感受到:人工智能时代正在到来。
峰会主办国沙特正致力于发展人工智能,并希望借此助力经济转型。从 2020 年起,沙特已三次主办全球人工智能峰会。据沙特数据与人工智能局最新发布的《沙特人工智能现状》报告,预计 2030 年人工智能将贡献沙特 12%的国内生产总值。
人工智能的发展速度惊人,应用场景也越来越多,这一点从参加峰会的专注于各领域、形态的人工智能企业就能看出。
在一家名为“闪亮集团有限公司”的英国人工智能企业展位前,工作人员正在一张摆放着扳手、钳子等工具的桌子后面指导参观者进行虚拟与混合现实训练,操作者带上头显设备,操作着面前的工具在空中做着各种动作,进行不同虚拟场景下的训练。该公司首席执行官本·贝内特告诉记者,他们正在沙特使用这套系统培训当地的劳动力。
“你现在的运行状态还好吗?”“我很好,正在常态运行。”这是在西门子展台前的一次人机对话,对话的机器就是制造业工厂里的一台机床。据展台工作人员介绍,这个人机交互系统可以用于任何装载了可编程逻辑控制器的机器,人们可以像平常聊天一样检查机器的各种状态,不需要特别操作,也不需要输入特别代码。
在峰会上,记者感受到人工智能技术给人类未来带来的无限遐想。然而,记者与企业代表交流时发现,不少企业的相关业务多集中在欧美,对不少发展中国家,尤其是贫困国家来说,人工智能看起来还很遥远。
总部位于利雅得的国际组织数字合作组织秘书长迪玛·叶海亚举例说,人工智能项目耗电量巨大。如何解决发展人工智能面临的电力瓶颈对发达国家尚且是挑战,更不用说连日常电力供应都无法绝对保障的贫困国家了。“现在的数字鸿沟有扩大的趋势,这会导致对许多贫困国家的排斥。我们必须通过合作行动,努力弥合而不是加深鸿沟。”
这些问题已引起各界关注。联合国秘书长古特雷斯此前呼吁,全球需要协调建设安全、包容、人人可及的人工智能。此外,第 78 届联合国大会 7 月 1 日协商一致通过中国主提的加强人工智能能力建设国际合作决议。这份决议围绕加强相关国际合作提出一系列重要务实举措,旨在帮助各国特别是发展中国家从人工智能发展中平等受益,弥合数字鸿沟,完善全球人工智能治理,加快落实 2030 年可持续发展议程。
正如专注于人工智能领域的公益机构帕特里克·麦戈文基金会主席维拉斯·达尔所说,人工智能的未来应该属于全人类。
</td></tr>
<tr><td>提示词 1:
请总结这篇文章。</td><td>提示词 2:
请使用一句话总结这篇文章的主要观点。</td></tr>
</table>

笔记栏

续表

AI 输出（ChatGPT-4o）： 第三届全球人工智能峰会在沙特利雅得举办，展示了人工智能在虚拟现实、人机交互和技能培训等领域的前沿技术，同时彰显了沙特推动人工智能助力经济转型的决心。尽管人工智能为未来带来无限可能，但发展中国家因资源和技术限制面临数字鸿沟扩大等挑战。峰会强调国际合作的重要性，呼吁通过技术普惠和全球治理，让人工智能成为全人类共享的机遇，加速实现可持续发展目标。	**AI 输出（ChatGPT-4o）：** 人工智能正以飞速发展推动全球变革，但需通过国际合作弥合数字鸿沟，实现技术普惠与全人类共享的未来。
AI 输出（文心一言 V4.0）： 第三届全球人工智能峰会在沙特首都利雅得开幕，展示了人工智能技术的最新应用场景。沙特致力于发展人工智能以助力经济转型，并预计到 2030 年，人工智能将贡献沙特 12%的国内生产总值。然而，人工智能在发展中国家和贫困国家的应用仍面临挑战，如电力供应问题。这些问题已引起全球关注，联合国秘书长呼吁全球协调建设安全、包容、人人可及的人工智能，同时联合国大会通过了中国提出的加强人工智能能力建设国际合作的决议，旨在帮助各国特别是发展中国家从人工智能发展中平等受益，并完善全球人工智能治理。人工智能的未来应该属于全人类。	**AI 输出（文心一言 V4.0）：** 第三届全球人工智能峰会展示了人工智能技术最新发展，但发展中国家面临应用难题，需要国际合作来确保人工智能的未来属于全人类。
AI 输出（DeepSeek R1）： 峰会亮点与 AI 技术展示：峰会通过虚拟现实演出、智能机器狗、人机实时对话、跨界技能培训等展示了 AI 技术的快速发展及其多样化应用场景。例如，英国闪亮集团利用混合现实技术培训沙特劳动力，西门子展示了可通过自然语言交互的工业机床控制系统。 沙特的 AI 战略与经济转型：作为峰会主办国，沙特将 AI 视为经济转型的重要驱动力，计划到 2030 年使 AI 贡献其国内生产总值的 12%。自 2020 年起，沙特已三次主办全球人工智能峰会，并通过《沙特人工智能现状》报告系统规划 AI 发展路径。 全球 AI 发展的挑战与不平等： 能源瓶颈：AI 项目的高耗电特性对电力基础设施薄弱的发展中国家构成挑战； 技术分配失衡：许多企业的 AI 业务集中在欧美，贫困国家难以获得技术红利，存在被边缘化	**AI 输出（DeepSeek R1）：** 第三届全球人工智能峰会展示了 AI 技术的快速发展及其广泛应用，同时强调了全球合作的重要性，以确保 AI 技术普惠全人类，特别是帮助发展中国家克服技术鸿沟，推动经济转型与可持续发展。

续表

的风险。 国际合作与治理倡议:联合国秘书长呼吁构建安全、包容的全球 AI 治理体系;中国主导的联合国决议获通过,强调通过能力建设帮助发展中国家平等受益;数字合作组织等机构主张通过跨国合作弥合数字鸿沟,确保 AI 技术普惠性。 核心共识:AI 的未来应属于全人类,而非加剧全球不平等。如帕特里克·麦戈文基金会主席所言,AI 技术应惠及所有国家和群体,推动全球可持续发展。 总结来看,文章展现了 AI 技术的快速进步及其广泛的应用潜力,同时强调了全球合作的重要性,以确保 AI 技术能够普惠全人类,特别是帮助发展中国家克服技术鸿沟。	

很显然提示词 1“请总结这篇文章”不够精确,有太多的“发挥空间”,因此造成了输出的不确定性。针对不同的用途,我们可能需要优化这个指令,以得到更好的结论。例如,我们想要筛选特定文章时,可以使用提示词 2“请使用一句话总结这篇文章的主要观点”对这篇文章进行总结,从而让我们快速确定这篇文章是否符合我们的目标。

此外,限制关注点是优化 AI 语言模型回答质量的一种有效方法,可以防止其输出内容的过度发散,从而聚焦于用户的实际需求。在提示词中,用户可以通过加入限制性词语(如“只考虑”“特别关注”“必须包括”)来明确界定模型回答的范围。例如,当需要讨论某个具体领域的问题时,可以指明“只讨论科技领域的创新,不涉及文化或经济话题”;或者在需要特定结构的内容时,可以要求“按照背景、要点分析和总结建议的顺序回答”。此外,用户还可以明确排除某些内容,比如“不要提及政治,只专注于环境保护技术”,或者要求提供与主题相关的具体数据和实例,以提高回答的针对性和实用性。使用这些方法可以更有效地引导 AI 生成符合用户期望的高质量内容。

(5)提供充分的上下文信息

在编写提示词时,一个最基本的要求就是:充分提供信息。清晰、详细且具体的指令对 AI 大语言模型准确理解人类意图至关重要,这也是生成高质量响应结果的前提。因此,在撰写提示词时,务必尽可能详尽

笔记栏

地描述任务要求和相关细节。切记，不要因为某些信息看似是“常识”就选择省略。AI 大语言模型并不了解使用者的背景信息，也无法预知使用者的需求或意图。如果输入的信息不完整或模糊，输出的结果很可能会出现误解、偏差，甚至完全脱离主题。提供充分的上下文可以显著提升模型响应的准确性和实用性。

实际上，在设计应用中，可以借助一些工具和模型，为大语言模型提供足够的信息和上下文以帮助其理解问题。这里以六何分析法为例进行说明。六何分析法也称 5W1H 分析法，是一种思考方法，最早于 1932 年由美国政治学家拉斯维尔提出。其中，5W1H 指的是 Why（何故）、What（何事）、When（何时）、Who（何人）、Where（何处）和 How（何以）。在提问时应当尽量涵盖以上六个方面，从而使提示词的内容深度化和科学化，以便快速写出符合“充分提供信息”原则的提示词。下面给出一个使用六何分析法进行提示词设计的案例。

示例：

初始提示词：	应用六何分析法的提示词：
请为某人工智能教育平台设计一个推广活动方案。	（何故）最近我们要推广某人工智能教育平台，目标是吸引更多学生和家长使用该平台。 （何事）撰写一个推广活动策划方案。 （何时）此次活动计划在新学期开学前一个月启动。 （何人）此次活动主要针对中小学生及其家长，目标群体注重教育质量和学习效率提升。 （何处）活动主要通过家长社群、教育类 APP、短视频平台以及线下家长会进行宣传推广。 （何以）推广活动方案需包括分阶段的宣传主题、具体的活动形式（如免费体验课、讲座直播等）和传播计划，字数约 1 000 字。

4.1.5 提示词的评估与改进方法

提示效果的评估是提示词优化的基础工作，尤其对需要在实际场景中反复使用的提示词而言，其可靠性必须经过全面检验。在实际操作中，简单的肉眼观察仅能验证单一输入下的输出是否符合要求，却无法证明提示词对多样化输入的有效性。因此,需要从多个角度评估生成结果的质量,以确保提示词在不同场景下都表现良好。常用的评估标准包括准确性、一致性、流畅性、相关性、多样性、实用性和效率。

①**准确性**:衡量生成内容与预期结果匹配度的关键指标,可以通过人工标注或自动验证来判断结果是否达标。

②**一致性**:要求模型在相同或相似的输入条件下生成稳定的输出,通过多次测试同一输入可以对此进行有效评估。

③**流畅性**:关注生成内容是否符合自然语言的表达习惯和逻辑关系,通常需要通过人工检查语法和语言通顺性来评估。

④**相关性**:要求生成内容与输入提示保持紧密联系,可以通过审查生成内容是否直接回应提示要求来判断。

⑤**多样性**:衡量生成结果在词汇和句式上的变化程度,以确保输出具有新意而非重复。

⑥**实用性**:提示词在实际应用中的价值,特别是内容能否在目标场景中发挥预期效果。

⑦**效率**:提示词对大语言模型的生成速度和资源消耗的影响,尤其在大规模应用中,响应时间和计算成本是重要的考量因素。

在评估提示效果后,需要基于具体问题对提示词进行优化,这一过程可以采用多种方法。

一种常用且直观的方法是 **A/B 测试**。这种方法通过对比不同版本的提示词,评估各版本生成效果的优劣。例如,在情感分析任务中,可以设计一个版本的提示词聚焦于明确情感分类的要求,另一个版本更注重上下文的提示描述。将输入数据随机分配到两个版本的提示词中,比较生成的情感标签与人工标注之间的匹配程度,最终选择准确率更高的提示词。这种方法非常适合快速验证不同提示词设计思路的效果差异。

另一种关键方法是**迭代优化**,其核心在于通过逐步调整提示词不断提升效果。迭代优化的过程通常从一个基础提示词版本开始,针对生成结果中暴露的问题进行调整。例如,在文章生成任务中,初始提示词可能过于宽泛,例如“写一篇关于科技的文章”,这种提示词对应的生成内容可能偏离预期目标。通过逐步增加限制性描述(如指定文章结构或限定具体主题),可以显著提高生成内容的相关性和流畅性。通过持续的

笔记栏

测试和改进，最终可以得到一个更具针对性的提示词。

对于专业性要求较高的场景，还可以借助**专家评审**。在此方法中，领域专家对提示词生成的内容进行评价，并提供改进建议。例如，在医学报告生成任务中，初始设计的提示词可能缺乏足够的专业术语或诊断要点。通过邀请医学专家评审生成的诊断报告，可以发现生成内容中不准确或不充分的地方。根据专家反馈对提示词进行优化，如添加更具体的诊断要求或明确病症描述，从而提升生成内容的专业性和实用性。

此外，**用户反馈**是提示词优化的另一重要方法。通过将提示词生成的内容提供给真实用户，收集他们的评价和建议，可以直接找到需要改进的地方。例如，在客服机器人的对话任务中，用户可能反馈机器人回答过于机械或偏离问题。根据这些意见，可以优化提示词，使其更加关注对问题背景的理解，并生成更自然、符合实际语境的回答。

总而言之，提示效果的评估与优化是一个循序渐进的过程，需要结合多种方法和标准，从不同维度分析问题并提出改进方案。使用合理的评估指标和优化手段，可以不断提升提示词的表现，从而更好地满足实际应用需求。

4.2 基础提示工程技术

在明确需求与定义好问题后，可以借助一些设计提示词的技巧让大语言模型更好地理解我们的需求。本节将介绍一些基础的提示工程技术，并探讨如何运用这些技巧更好地引导大语言模型输出期望的内容。

4.2.1 指令提示技术

指令提示技术是围绕大语言模型遵循自然语言指令的能力，通过向模型提供清晰简洁的具体指令来引导其输出的一种方法。指令提示技术旨在通过理解和执行以自然语言表达的指令，允许模型处理新的任务，而无需特定于任务的训练数据。指令式提问适合需求非常具体的、工作内容偏标准化的人士使用，或者在有工作规范的场景中使用。此外，这种方法灵活且可扩展，使其特别适用于处理新任务，并且它还可以通过启用实时迭代调整的方法来降低大模型错误输出的风险。

笔记栏

下面来看两个示例。

示例 1：

提示词：

将以下文本翻译成西班牙语：
文本："hello！"

AI 输出（ChatGPT-4o）：

¡Hola!

示例 2：

提示词：

将以下文本倒叙输出：
文本："hello！"

AI 输出（ChatGPT-4o）：

！ olleh

4.2.2　角色提示技术

角色提示技术是一种通过为 AI 指定特定身份或角色，以控制其生成文本的风格、语气和深度的技术，常用于创作针对特定场景或受众的内容。该技术的基本格式通常为："你是一位（角色/身份），（角色相关的专业问题）。"一方面，这种方法非常适用于需要专业知识或特定技能的领域，例如设计实验方案、分析科研数据、撰写学术论文等任务，完成这些任务通常需要一定的专业门槛；另一方面，为大语言模型赋予特定角色或身份，还可以得到具有创意的回答，因此同样适合想象力驱动的场景，比如探索新兴研究领域、提出假设性问题或设计创新的实验方法等。

下面这个示例针对"3D 打印"这一概念，赋予大语言模型不同的角色，令其向相关人群进行概念介绍，我们来看不同模型针对不同提示词的输出表现。

示例：

提示词 1：	**提示词 2：**
你是一名教学经验丰富的小学教师，请向一位三年级的小学生介绍什么是 3D 打印？	你是一名教学经验丰富的大学教授，请向一位大一年级的学生介绍什么是 3D 打印？

笔记栏

续表

AI 输出(ChatGPT-4o): 3D 打印是一种很特别的技术,就像魔法一样! 它能把电脑里的图画变成真的东西。我们用一种叫"打印机"的机器,但它和你平常用来打印纸的打印机不一样。3D 打印机会用一种像塑料的材料,一层一层地"画"出一个立体的物品,比如玩具、小房子,甚至一些小零件。就好像在堆积木,但它是自动完成的,最后我们就能得到一个真的、可以摸到的东西啦! 是不是很神奇?	**AI 输出(ChatGPT-4o):** 3D 打印,也叫增材制造,是一种通过逐层添加材料来制造三维物体的技术。简单来说,它是将数字模型(通常通过计算机设计的软件创建)转换成实体物品的过程。 工作原理是这样的:首先,我们需要一个三维数字模型,这可以用设计软件(如 CAD)创建,然后将模型分成许多薄层(分层处理),这些数据会被传送到 3D 打印机中,打印机通过逐层堆积材料,比如塑料、金属等,最终形成一个真实的三维物体。 相比传统制造技术,3D 打印有一些显著的优势: ①灵活性高:可以快速制作出复杂形状的物体。 ②个性化:特别适合定制化产品,比如医疗假肢、牙齿矫正器等。 ③节约材料:只用必要的材料,减少浪费。 不过,3D 打印也有局限性,比如打印速度较慢,材料和尺寸有限等。随着技术发展,它已被广泛用于医疗、航空航天、建筑和教育等领域,是一项非常有潜力的技术。
AI 输出(文心一言 V4.0): 小朋友,3D 打印是一种非常有趣和神奇的技术,我们可以把它想象成一种"魔法",能够把电脑里的设计变成我们手中的实物。现在,让我来给你详细介绍一下什么是 3D 打印吧! 1. 3D 打印的工作原理 3D 打印,也被称为"增材制造",是通过逐层堆积材料来制造物体的。就像我们搭积木一样,一层一层地往上搭,直到搭出我们想要的形状。 在 3D 打印开始之前,我们需要一个数字模型文件,这个文件就像是物体的"蓝图"。然后,3D 打印机会根据这个"蓝图",使用可黏合的材料,比如粉末状金属或塑料等,逐层打印出物体。 2. 3D 打印的优点 定制化生产:3D 打印可以制造出传统方法难以制作的形状和内部结构复杂的物体。比如,我们可以打印出有自己名字的水杯或者个性化的玩具。 节省材料:3D 打印只使用必要的材料,所以相	**AI 输出(文心一言 V4.0):** 同学,你好! 作为一名大学新生,接触和了解前沿科技是非常重要的,而 3D 打印就是其中之一。现在,我来为你详细介绍一下什么是 3D 打印。 3D 打印,也被称为"增材制造",是一种通过逐层堆积材料来构建三维实体的技术。与传统的减材制造(如车削、铣削等通过去除多余材料来形成最终产品)不同,3D 打印是从无到有,逐层添加材料来创造出物体。 在 3D 打印过程中,首先需要一个数字模型文件,这个文件可以使用 3D 建模软件创建,或者从网上下载预先设计好的模型。然后,3D 打印机会根据这个数字模型文件,将特定的材料(如塑料、金属粉末、陶瓷等)按照设定的层厚和路径逐层堆积起来,最终形成一个完整的三维物体。 3D 打印技术的应用领域非常广泛。在工业设计领域,设计师可以利用 3D 打印快速制作出产

笔记栏

续表

比传统制造方式,它更加节省材料,也更环保。 快速原型制作:设计师可以快速地打印出他们的设计原型,这样就可以更早地测试和验证设计的可行性。 3. 3D打印的应用领域 医疗领域:在医疗领域,3D打印可以制造出定制化的医疗植入物,如牙齿、骨骼等,帮助患者恢复健康。 建筑领域:建筑师可以使用3D打印技术打印出建筑模型,甚至直接打印出建筑构件,如墙壁和桥梁等。 教育领域:在教育领域,3D打印可以帮助学生更好地理解空间结构和物体形态,提升他们的学习兴趣和创新能力。 4. 我们生活中的3D打印 你可能已经在一些地方见过3D打印的产品了,比如个性化的手机壳、饰品、玩具等。这些都是通过3D打印技术制造出来的。 总的来说,3D打印是一种非常神奇和有用的技术,它正在改变我们的生活方式,让我们能够更加方便地制造出我们想要的东西。希望你在未来的学习和生活中,能够更多地了解和接触到3D打印技术!	品原型,以便进行测试和修改。在医疗领域,3D打印可以用于制作定制化的医疗植入物,如牙齿、骨骼等,以及辅助手术导航的模型。此外,在建筑、航空航天、汽车、消费电子等领域,3D打印也发挥着越来越重要的作用。 作为一名大学生,你可以通过参加学校的3D打印课程或实验室,亲身体验和学习这项技术。掌握3D打印技能不仅有助于提升你的创新能力和实践能力,还可能为你未来的职业发展打开新的道路。
AI输出(DeepSeek R1): 小朋友,你知道我们平时用的打印机可以把字和图片印在纸上,对吗? 那3D打印机呢,它就像个“魔法制造机”! 它不用纸,而是用塑料丝(像细细的面条一样)或者其他材料,把电脑里画好的东西变成真实的、可以拿在手里的立体玩具或工具哦! 举个例子: 假如你想做一个小汽车玩具,先在电脑上用积木软件“画”出它的形状,然后3D打印机就会像挤牙膏一样,把塑料一层层堆叠起来。一层干了再加一层,慢慢堆高,最后就变出一辆能拿在手里跑的小汽车啦! 它有多厉害? 可以做玩具、小杯子,甚至小房子模型! 医生还能用它打印出和病人骨头一模一样的模型,提前练习手术呢! 就像用乐高搭积木,不过积木变成了超细的	**AI输出(DeepSeek R1):** 3D打印的本质与核心原理(板书式讲解) 定义:3D打印是一种增材制造(additive manufacturing)技术,通过逐层堆积材料的方式,将数字模型转化为实体对象。其与传统减材制造(如切削加工)的本质区别在于“从无到有”的构建逻辑。 技术流程分解: 数字建模:使用CAD软件或3D扫描生成.stl格式的切片文件(类比:建筑师绘制蓝图) 分层切片:将三维模型分解为二维层片(厚度可精确至0.05 mm)(关键点:层厚决定精度与速度的平衡) 逐层制造: 材料类型:热塑性塑料(PLA/ABS)、光敏树脂、金属粉末、生物材料等 成型技术:熔融沉积(FDM)、光固化(SLA)、选择性激光烧结(SLS)等

笔记栏

续表

“面条丝”,而且是全自动的! 互动小问题: “如果你有一台3D打印机,你最想打印什么呀?”(等孩子回答后,可以夸他的想法很棒!)	学科交叉应用案例(启发创新思维) 工程领域:拓扑优化零件(如空客A350机舱支架,减重30%);随形冷却模具(提升注塑效率200%) 生物医学:患者定制化钛合金骨植入物(结合CT数据重建);生物墨水打印皮肤组织(哈佛大学2019年突破) 建筑革新:上海智慧湾3D打印混凝土步行桥(跨度为26.3 m);NASA月球基地建造方案(利用月壤原位打印) 课堂互动:批判性思维训练 问题组:与传统制造相比,3D打印在材料利用率上有何优势?其物理性能各向异性如何产生?当层高从0.2 mm降至0.05 mm时,打印时间会呈现怎样的非线性增长? 实践任务: 访问[Thingiverse]开源平台,下载一个齿轮组模型,观察其配合间隙设计,思考支撑结构的必要性。 学术延伸方向 多材料混合打印(MIT 2017年提出可编程材料);4D打印技术(时间维度上的形变响应);微纳尺度打印(应用于微流控芯片制造)

从这个提问的回答可以很容易看出,“小学教师”与“大学教授”这两个角色的设定使AI在介绍3D打印时表现出截然不同的风格:前者以简明生动、形象化的语言面向儿童受众,而后者则通过更专业、学术化的表述满足大学生的理解需求。因此,角色提示技术通过为AI设定特定的角色身份,有效地调整生成内容的语气、深度和表达方式,从而满足不同场景的需求。

4.2.3 样本提示技术

在与大语言模型交互时,我们可以通过提供样本来进一步提升其性能。这种方法利用了AI大语言模型识别模式和规律的能力,使其更好地理解任务的要求及预期输出的形式。**样本提示技术**尤其适用于仅依靠指令提示或角色提示难以完成的复杂任务,或者需要生成特定结构或

笔记栏

风格输出的场景。通过在提示词中嵌入样本，使模型从样本中“学习”如何完成任务，而无须对大语言模型本身进行额外训练或微调。根据样本量的数量，通常可以将样本提示技术分为**零样本提示**（zero-shot prompting）和**少样本提示**（few-shot prompting）。

零样本提示是最简单的提示形式，其不提供任何示例。这种提示方式主要依赖模型的预训练知识来生成答案。此前介绍的指令提示和角色提示都属于零样本提示。由于缺乏示例，模型在处理复杂任务（如阅读理解或自然语言推理）时，可能会产生不准确的输出。然而，零样本提示在处理简单、直观的任务时更为高效，比如基本算术计算、一般信息查询或常见短语的情感分类。

少样本提示通过提供多个示例来明确预期的输出格式，并显著提高模型性能。这些示例帮助 AI 识别任务的规律，从而生成更准确的答案。少样本提示的一般格式为

例 1：[输入 1-输出 1]

例 2：[输入 2-输出 2]

例 3：[输入 3-输出 3]

输入 4：

这种方法特别适用于输入内容多样、对输出格式有严格要求或需要高准确性的任务，例如生成结构化数据、完成细致的分类任务或进行特定风格的内容创作。

以下是少样本提示的示例。

示例 1（提取文章或段落的关键词）：

提示词：

文本 1：Stripe 提供了 API，网页开发者可以使用这些 API 将支付处理集成到他们的网站和移动应用程序中。

关键词 1：Stripe，支付处理，API，网页开发者，网站，移动应用程序

文本 2：OpenAI 已训练出最先进的语言模型，这些模型非常擅长理解和生成文本。我们的 API 提供了对这些模型的访问，可以用于解决几乎所有涉及语言处理的任务。

关键词 2：OpenAI，语言模型，文本处理，API

文本 3：Google Cloud 提供了一套强大的云计算服务，开发者可以用

笔记栏

它来构建、部署和扩展他们的应用程序。这些服务包括数据存储、机器学习工具以及服务器管理功能。

关键词 3：

AI 输出（ChatGPT-4o）：

Google Cloud，云计算服务，开发者，数据存储，机器学习，服务器管理，应用程序。

示例 2（以对论文进行评价分析为例，我们希望大语言模型能够根据评价意见对论文的研究创新性、方法严谨性、数据可靠性以及学术影响力等进行打分）：

提示词：

文本 1：这篇论文的结构非常清晰，研究方法描述得很详细，结果分析也很充分。其引用了大量文献，体现了扎实的学术基础。不过，讨论部分对结果的深度分析还可以再加强。

评分：[研究创新性：4；方法严谨性：5；数据可靠性：5；学术影响力：4]

文本 2：该研究提出了一个全新的算法框架，极具创新性，但实验部分的设计略显简单，缺乏与现有方法的全面对比。论文中也有几个关键公式的推导不够详尽。

评分：[研究创新性：5；方法严谨性：3；数据可靠性：4；学术影响力：4]

文本 3：这篇综述对近年来的人工智能研究进行了全面总结，内容覆盖面很广，引用了大量文献。虽然整篇文章框架合理，但部分文献分析缺乏深度，评价不够具体。

评分：

AI 输出（ChatGPT-4o）：

[研究创新性：3；方法严谨性：4；数据可靠性：4；学术影响力：5]

可以看出，在给予 AI 两个科研论文评价的样本示例之后，其给出的评分整体较为合理，尤其是研究创新性和学术影响力两项，与用户评价内容的主观倾向较为吻合。AI 能够从样本中推断出评分的大致规则，例如高创新性和广泛引用对应较高评分，实验设计不足则导致方法严谨性评分较低。同时，AI 输出的格式与样本保持一致，评分结果条理清晰，能够较好地体现评价的重点。

总体而言，少样本提示是一种通用且高效的技术，能够显著增强 AI

笔记栏

模型的能力。通过提供精心设计的示例,可以有效引导 AI 生成符合预期的、结构化的输出。然而,该技术也存在一定的局限性。例如,输入窗口的大小限制了样本的数量;如果提供的样本过于相似,可能导致模型过度泛化;此外,模型可能更倾向于学习表面模式,而非真正理解任务的内在逻辑。因此,在实际应用中需要合理设计样本,并结合其他技术进一步提高大模型的表现和可靠性。

4.3　进阶提示工程技术

前一节介绍了向大语言模型进行提问的一些基础技巧,单独或搭配使用这些技巧,可以有效提高大语言模型回答的质量,提高沟通效率。本节将进一步介绍一些更为高阶的提示工程技术,以期读者在实际应用中对如何使用 AI 模型有更为深入的理解,并利用这些进阶提示工程技术,充分挖掘 AI 模型的潜能,使 AI 大语言模型在工作和生活中发挥更为重要的作用。

4.3.1　思维链提示

思维链(chain-of-thought, CoT)提示是一种改进的提示技术,目的在于提升大语言模型在复杂推理任务上的表现,如算术推理(arithmetic reasoning)、常识推理(commonsense reasoning)、符号推理(symbolic reasoning)。2022 年,Google 发布论文,首次提出 CoT 这一概念,其让大模型将一个复杂问题分解为一步一步的子问题并依次进行求解,从而显著提升大模型的性能。这一系列推理的中间步骤就被称为思维链。一个完整的包含 CoT 的提示词往往由指令(instruction)、逻辑依据(rationale)、示例(exemplar)三部分组成。

指令:用于描述问题并且告知大模型输出的格式。

逻辑依据:CoT 的中间推理过程,可以包含问题的解决方案、中间推理步骤以及与问题相关的任何外部知识。

示例:以少样本的方式为大模型提供输入输出对的基本格式,每一个示例都包含问题、推理过程与答案。

与传统提示方法直接将输入映射为输出(input → output)的方式不

笔记栏

同，思维链引入了一种从输入到推理链再到输出的全新映射方式（input → reasoning chain → output）。这一技术通过将复杂问题分解为一系列可控的多步骤子问题，显著提升了大语言模型的推理能力。

CoT 的核心优势在于其对推理过程的分步展现，这不仅可帮助模型有效解决复杂任务，还最大限度减少了模型在推理过程中忽视问题“关键细节”的现象。通过逐步明确解题路径，CoT 使计算资源能够集中于问题求解的“核心步骤”，从而优化了模型的资源使用效率。这种方法尤其适合需要多层推理的任务，例如数学题解、逻辑问题、常识推理及复杂决策任务。

与传统的直接将输入映射为输出的方式相比，CoT 的一个显著优势是提升了**大模型的可解释性**。在经典的提示模式下，模型只会直接输出答案，而不展示其中的逻辑推理过程，这使得结果的可信度和推理路径难以验证。而通过思维链，模型会输出详细的“解题过程”，用户可以清晰地了解模型在解决当前问题时的具体思路。例如，在解决数学问题时，模型会逐步列出解题步骤，将公式应用到结果计算进行一一展现。这种透明性使得用户能够快速识别推理过程中可能出现的错误，并为改进模型提供了重要依据。

此外，CoT 提高了**大模型的可控性**。传统的“黑箱”式 AI 系统往往让用户无法对模型的内部决策进行干预，而思维链通过逐步生成推理步骤，赋予用户更多的监督和干预空间。通过对每一步推理进行观察，用户可以对模型的求解过程施加更大的影响，从而避免模型变成完全无法理解和控制的“黑箱”。

尽管 CoT 展现了强大的能力，但需要注意其同样存在局限性。首先，输入窗口的大小限制了样本和推理链的长度，在处理超长问题时可能会出现困难。其次，CoT 依赖于高质量的提示设计，如果示例设计不够精良，模型可能会出现过度泛化或偏离预期的情况。此外，CoT 对计算资源有更高的需求，尤其是在生成多个推理路径或分解复杂问题时。

自 CoT 被提出至今，围绕 CoT 的研究工作也在不断扩展。目前，研究者们已经提出了多种更为复杂的 CoT 技术，进一步提高了其能力。下面将结合具体案例对基础的 CoT 技术到更为复杂的 CoT 技术进行介绍，从而帮助读者探索和理解思维链技术生效的原理。

笔记栏

(1)少样本思维链

少样本思维链(Few-Shot-CoT)通过将少样本示例的答案形式从简单的直接回答转变为逐步推理的过程,使模型能够学习推理路径。面对复杂问题时,模型可以生成清晰的推理路径,将复杂推理分解为多个简单步骤,从而显著提升其在多步骤推理任务中的性能,尤其是在涉及数学计算、逻辑推理和因果分析的任务中。少样本思维链的推导流程主要包括以下三个关键步骤。

1)示例设计

精心设计或挑选示例是少样本思维链的起点。针对特定任务,人工挑选或构造一组示例,这些示例需包含清晰、详细的逐步推理过程,并作为输入提示的上下文示例。设计时需要特别注意以下几点。

①**相关性**:示例需要与目标任务高度相关,以确保模型具有进行有效迁移推理的能力。

②**清晰性**:示例中的推理步骤必须逻辑清晰,避免含糊不清或具有多义性。

③**覆盖性**:示例应尽可能覆盖目标任务中可能出现的多种问题类型,确保模型能够适应多样化场景。

2)推理引导

将设计好的示例作为上下文输入大语言模型,起到引导模型推理的作用。在这一过程中,模型通过分析示例中的推理步骤,学习如何从问题中提取关键信息并逐步进行逻辑推导。推理引导的目的是帮助模型建立以下能力。

①**推理模式的学习**:通过观察示例,模型学习如何将问题分解为多个子问题,并在每个子问题上独立推导答案。

②**逻辑链条的构建**:模型学习如何根据问题中的上下文和逻辑关系,逐步构建清晰的推理链条。这一阶段的核心在于提供足够明确和详细的示例,使模型能够泛化到类似任务中。

3)答案生成

在完成推理路径的构建后,模型根据推理结果生成最终答案。具体表现为以下几点。

①**逐步计算与分析**:模型根据示例中学到的模式,逐步分析问题的

笔记栏

每一部分，计算或推导中间结果。

②**生成最终答案**：模型整合所有的推理步骤，确定最终符合逻辑的答案，并按照示例中要求的格式输出。这一过程中，逐步推理不仅提高了答案的准确性，还为用户提供了模型推理过程的可视化路径，使得模型的答案更易于理解和验证。

以下是一个少样本思维链的示例。

示例：

提示词：

Q1：一辆汽车在上午的两个小时内行驶了 60 千米，下午的三个小时内行驶了 120 千米。这辆汽车全天的平均速度是多少？

A1：汽车上午行驶了 60 千米，用了 2 小时，所以上午的速度是 60 ÷ 2 = 30 千米/小时。下午行驶了 120 千米，用了 3 小时，所以下午的速度是 120 ÷ 3 = 40 千米/小时。全天行驶的总距离是 60 + 120 = 180 千米，用了 2 + 3 = 5 小时。平均速度为 180 ÷ 5 = 36 千米/小时。答案是 36 千米/小时。

Q2：一个水池通过一根进水管每小时注入 15 升水，同时通过一根出水管每小时排出 5 升水。如果水池一开始有 50 升水，经过 4 小时后，水池中会有多少水？

A2：每小时注入的水量是 15 升，排出的水量是 5 升，所以净增加的水量为 15 − 5 = 10 升。经过 4 小时，水池中增加的水量为 10 × 4 = 40 升。一开始水池中有 50 升水，所以 4 小时后水池中的水量是 50 + 40 = 90 升。答案是 90 升。

Q：一列火车每小时行驶 80 千米，从 A 城到 B 城需要行驶 320 千米。如果火车在中途停靠了 1 小时，那么从 A 城到 B 城的平均速度是多少？

AI 输出（ChatGPT-4o）：

A：火车每小时行驶 80 千米，从 A 城到 B 城需要行驶 320 千米，所以火车的行驶时间是 320 ÷ 80 = 4 小时。中途停靠了 1 小时，总时间为 4 + 1 = 5 小时。从 A 城到 B 城的总路程为 320 千米，所以平均速度为

笔记栏

320 ÷ 5 = 64 千米/小时。答案是 64 千米/小时。

显然，与标准的少样本提示方法相比，少样本思维链的显著优势在于通过逐步推理提升了模型在复杂任务中的性能，同时提高了模型推理过程的可解释性和可控性。例如，在数学题求解、多步骤推理、逻辑推理及决策分析中，少样本思维链能够帮助模型生成详尽的解题步骤，并有效降低直接得出答案可能带来的错误风险。然而少样本思维链也存在明显的不足，例如高质量示例的设计需要人工干预，可能耗费时间和精力；示例敏感性强，其性能高度依赖示例的质量和与任务的相关性；通用性不足，当面临领域差异较大的任务时，即使答案格式相同，少样本思维链也可能表现不佳等。

（2）零样本思维链

零样本思维链（Zero-Shot-CoT）提示是一种基于少样本思想的更高效的提示方法。在零样本思维链中，在原始提示词的末尾加入类似“**Let's think step by step**”的引导语（或在中文语境下使用“**请一步步进行推理并得出结论**”），这样即使没有事先提供手动编写的推理示例，也能促使大语言模型通过一系列推理解决复杂的推理任务。这种方法可以有效避免依赖于大量手工设计的思维链样本，而在零样本条件下依旧能处理复杂的推理问题。

零样本思维链的提示过程可以分为以下两个主要阶段。

①**推理提取（reasoning extraction）**：此阶段将输入问题转换为标准的模板形式，例如“Q: [X]. A: [T]”。其中，“[T]”表示引导语（如英文语境下的“Let's think step by step”或中文语境下的“请一步步进行推理并得出结论”）。引导语的作用是激发模型进行逐步推理，生成问题的推理过程。

②**答案提取（answer extraction）**：在完成推理提取后，将推理过程与原始问题合并，并通过特定的答案触发语句（如“Therefore, the answer is”或“因此，答案是”）引导模型给出最终答案。

以下是几个零样本思维链的示例。

示例 1：

提示词：

Q：在一个袋子里有 5 个红球和 3 个蓝球。如果从袋子里随机取出

笔记栏

2 个球，取到 2 个蓝球的概率是多少？

A：请一步步进行推理并得出结论。因此，答案是

AI 输出（ChatGPT-4o）：

第一步：总的取球组合数

袋子里总共有 5 个红球和 3 个蓝球，总共 8 个球。我们从中取出 2 个球的组合数可以用组合公式来计算：

$$C(8,2)=\frac{8\times7}{2\times1}=28$$

这表示从 8 个球中随机取出 2 个球的总组合数是 28。

第二步：取到 2 个蓝球的组合数

我们要计算从 3 个蓝球中取出 2 个蓝球的组合数，也可以用组合公式来计算：

$$C(3,2)=\frac{3\times2}{2\times1}=3$$

这表示从 3 个蓝球中取出 2 个蓝球的组合数是 3。

第三步：计算概率

现在我们可以计算取到 2 个蓝球的概率。概率的计算公式是

$$P(2\text{个蓝球})=\frac{\text{取到2个蓝球的组合数}}{\text{总的取球组合数}}=\frac{3}{28}$$

因此，取到 2 个蓝球的概率是 $\frac{3}{28}$。

结论：

因此，答案是 $\frac{3}{28}$。

示例 2：

提示词：

Q：如果你在一个商场的书店里看到许多人在翻阅书籍，他们可能在做什么？答案选项：

（A）听音乐 （B）看书 （C）购物 （D）休息 （E）看电影

A：请一步步进行推理并得出结论。因此，答案是

AI 输出（ChatGPT-4o）：

在商场的书店里，顾客常常会翻阅书籍，这种行为通常与阅读书籍相关。虽然书店也具有购物和休息的功能，但从题目中描述的“翻阅书

笔记栏

籍”这一行为来看，可以推断出顾客此时主要是在看书。因此，答案是“(B)看书”。

AI 输出(文心一言 V4.0)：

首先，我们需要理解题目中的关键信息：在一个商场的书店里，有许多人在翻阅书籍。

接下来，我们根据这个场景，分析每个答案选项的可能性：

(A)听音乐：虽然商场或书店可能会播放背景音乐，但人们聚集在书店并翻阅书籍的行为与专门去听音乐不太相符。在书店里，音乐更可能是作为背景而非主要活动。

(B)看书：这个选项与题目描述的场景高度一致。书店是提供书籍供人阅读和购买的地方，人们在书店里翻阅书籍，最直接的活动就是看书。

(C)购物：虽然书店是购物场所的一种，但在这个特定场景中，人们正在翻阅书籍，这表明他们更可能是在阅读而非仅仅购物。当然，阅读可能是购物前的一个步骤，但直接活动还是看书。

(D)休息：书店确实可以是一个休息的地方，特别是如果提供有阅读区的话。然而，题目中特别指出人们正在翻阅书籍，这暗示了他们的主要活动是阅读，而非单纯的休息。

(E)看电影：这个选项与书店的环境完全不符。书店是提供书籍的地方，不是观看电影的场所。

综合以上分析，与题目描述的场景最符合的活动是看书。人们在书店聚集并翻阅书籍，最直接和合理的解释就是他们正在阅读书籍。

因此，答案是“(B)看书”。

AI 输出(DeepSeek R1)：

在商场的书店中，人们翻阅书籍的行为需要结合场景和动作目的来分析：

1. 选项 A(听音乐)和 E(看电影)：与书店的核心功能无关，直接排除。

2. 选项 D(休息)：虽然有人可能在书店休息，但题目明确强调“翻阅书籍”，主要动作与书相关，而非单纯休息。

3. 选项 B(看书)与 C(购物)的辨析：

笔记栏

"翻阅书籍"的动作本身属于阅读行为（浏览目录、试读内容），即"看书"的直接体现。

"购物"是目的性行为，包含挑选、比较、结账等环节，但题目问的是"他们可能在做什么"，更强调当前动作而非最终目的。

在中文语境中，类似题目通常将"翻阅书籍"归为"看书"的具体表现，而非直接等同于"购物"。例如，若问"超市里挑选商品的人在做什么"，答案更可能是"购物"，但书店场景中"翻阅"更贴近阅读行为本身。

综上，正确答案为"（B）看书"。

零样本思维链在多个方面展现出显著优势。首先，它在零样本推理任务中的表现卓越。尤其是在多数算术推理、所有符号推理和其他逻辑推理任务中，相较于传统的零样本提示方法，零样本思维链具有明显的优势。在常识推理任务中，零样本思维链生成的思维链条也通常符合逻辑，展现了良好的推理能力。其次，零样本思维链具备出色的通用性，单一固定模板（如"Let's think step by step"）即适用于多种不同类型的推理任务，无须为每个任务定制特定示例或模板。此外，零样本思维链揭示了大语言模型在零样本推理方面的潜力，为模型能力的深入探索开辟了新的方向。它操作简单，只需通过添加引导语并使用两阶段提示，就能有效引导模型进行推理和回答，避免了复杂的设计与微调，且能够在不同模型和数据集上实施，具有较好的可重复性和实际应用价值。

然而，零样本思维链也存在一些缺点和局限性。首先，常识推理的提升较为有限，尽管它能生成合理的思维链，但对任务指标的提升并不显著，且在面对多个合理答案时，模型难以准确选择合适的答案，常会出现多个答案并存或答案虽然逻辑合理但缺乏常识的情况。其次，算术推理过程中也存在一定的问题，模型有时会在得到正确答案后继续进行无意义的推理，导致得出错误的答案，或者仅仅复述问题而未进行实质性的推理。零样本思维链还对提示模板的选择较为敏感，尽管某些模板效果较好，但不同模板的效果差异较大，且目前尚不能自动生成最佳模板。此外，零样本思维链的有效性在小规模模型中较低，模型推理能力的提升也不明显。尽管随着模型规模的增大，性能有所提升，但可能存在上限，且大模型并不一定能够完全解决复杂推理问题。最后，零样本思维链缺乏足够的训练数据集细节，难以确定模型的推理是基于真正的推理过程，还是仅仅依赖于记忆数据模式，这也限制了我们对模型行为的深入理解和优化。

（3）自我一致性思维链

复杂推理问题通常可通过多种不同的推理路径得到正确答案，根据这一特点，Wang 等人提出了自我一致性思维链。该方法先基于思维链提示手动设计编写多个推理路径，然后从语言模型的解码器中进行采样，生成多个候选推理路径，每个推理路径都包含一系列推理步骤及对应的最终答案。最后，采用多数投票法选择最频繁出现的答案，确保最终答案的可靠性和一致性。

自我一致性思维链技术通过采样多样化的推理路径并聚合最终答案来提高语言模型推理的准确性和可靠性。这种技术启示我们在设计提示词时应遵循以下策略。

①**引导多样化推理路径**：在设计提示词时，需明确要求模型输出多个推理路径，提供多个可能的推理步骤或不同的解决方法，以保证推理的多样性和全面性。例如："请提供至少三个不同的推理步骤和对应的答案。"

②**结构化推理步骤**：在设计提示词时，需引导模型清晰地展示推理过程，包括每个步骤的思考与逻辑推演。这能够帮助模型生成有条理的推理路径，且便于后续的聚合。例如："请列出推理过程中的关键步骤，并给出最终答案。"

③**答案聚合与选择**：需明确在提示中加入答案聚合的要求，如使用多数投票法来选出最终答案。可以要求模型提供多个候选答案，并通过统计其出现频率来确定最一致的答案。例如："请生成多个推理路径并选择出现次数最多的结论作为最终答案。"

④**强调一致性与可靠性**：在提示词中需强调通过聚合多个推理路径来提高答案的一致性与可靠性，帮助模型认识多个路径的重要性。例如："请综合考虑多个推理路径，输出最具一致性的答案。"

以下几个是自我一致性思维链的示例。

示例 1（算术推理）：

问题描述：

当我 6 岁时，我的妹妹是我的一半年龄，现在我 70 岁了，她几岁？

笔记栏

第一次 AI 输出(ChatGPT-4o)：

采样推理 1：当我 6 岁时，我的妹妹是我的一半年龄，也就是 3 岁。现在我 70 岁了，所以她是 70−3 = 67 岁。答案是 67。

第二次 AI 输出(ChatGPT-4o)：

采样推理 2：当叙述者 6 岁时，他的妹妹是他年龄的一半，也就是 3 岁。现在叙述者 70 岁了，他的妹妹应该是 70−3 = 67 岁。答案是 67。

第三次 AI 输出(ChatGPT-4o)：

采样推理 3：当我 6 岁时，我的妹妹是我的一半年龄，也就是 3 岁。现在我 70 岁了，所以她是 70/2 = 35 岁。答案是 35。

答案聚合：

通过多数投票法，采样结果中 67 岁出现了两次，35 岁出现一次，因此最终答案为 67 岁。

示例 2(常识推理)：

问题描述：

哪个国家是世界上面积最大的？

(a)美国　(b)俄罗斯　(c)中国　(d)加拿大

第一次 AI 输出(ChatGPT-4o)：

采样路径 1：世界上面积最大的国家是俄罗斯，因为它横跨欧洲和亚洲，覆盖了广阔的土地。所以答案是(b)。

第二次 AI 输出(ChatGPT-4o)：

采样路径 2：俄罗斯是全球面积最广的国家，其总面积超过 1 700 万平方千米，远远超过其他国家。因此，答案是(b)。

答案聚合：

答案是(b)。

示例 3(复杂推理)：

提示词：

Q：莎拉参加了一个长跑比赛，比赛总长度为 42 千米。她第一次停下来是在跑了 10 千米后。第二次停下来时，她还剩下 8 千米就能到达终点。那么，莎拉在第一次和第二次停下来之间跑了多少千米？

第一次 AI 输出(ChatGPT-4o)：

采样路径 1：莎拉总共参加了 42 千米的比赛。她第一次停下来是在

笔记栏

跑了 10 千米之后,第二次停下来是在距离终点 8 千米的地方。因此,在她第一次和第二次停下来之间,她跑了 42 - 10 - 8 = 24 千米。答案是 24。

第二次 AI 输出(ChatGPT-4o):

采样路径 2:比赛的总长度是 42 千米,莎拉第一次停下来是在跑了 10 千米时。第二次停下来时,她离终点还有 8 千米,也就是第二次停在 42 - 8 = 34 千米的位置。由于她按顺序停下,第一次停在 10 千米处,所以她在第一次和第二次停下来之间跑了 34 - 10 = 24 千米。答案是 24。

答案聚合:

答案为 24。

自我一致性思维链克服了传统思维链提示的局限性,显著提升了解决复杂问题的能力,具体体现在以下方面。

①**显著提升推理准确性:**通过采样多样化的推理路径,显著提高了模型在算术和常识推理等任务中的准确性,尤其在复杂问题上表现得更为出色。

②**模拟人类推理多样性:**该方法通过采样多样化的推理路径,模拟了人类解决复杂问题时的多样性。这样,模型的推理过程更加接近人类思维,能够从多个角度探索问题,提升解决方案的准确性。

③**避免传统解码局限性:**相比传统的贪心解码策略(greedy-decoding),自我一致性思维链避免了局部最优解的陷阱。贪心解码容易只选择最可能的单一步骤,导致模型错失全局最优解,而自我一致性方法通过考虑多条推理路径,能在更广阔的解空间中找到最优答案。

④**无须额外训练和数据:**自我一致性方法完全无监督,能够直接应用于预训练语言模型,无须额外训练或微调,显著节省了计算资源和时间成本。

⑤**具有广泛的适用性:**该方法适用于多种推理任务,包括算术推理、常识推理和符号推理等,并能在各类任务中有效提升模型性能。

尽管自我一致性思维链技术显著提升了传统策略的准确性,但也带来了计算成本增加和答案聚合复杂等问题。具体而言,为了采样多样化的推理路径,需要多次从模型解码器中进行采样,这对于资源密集和实时性要求高的场景并不友好;而在答案聚合方面,不同策略的表现存在

笔记栏

差异，选择合适的聚合方法依赖于用户的经验和进一步验证。例如，虽然多数投票法简单易行，但在某些情况下可能面临一致性不明显或平局问题；而加权求和法考虑了概率的大小，计算复杂且对模型的概率估计依赖较大，可能会影响最终结果。

本节介绍了思维链提示技术的几种重要类型，包括少样本思维链提示、零样本思维链提示和自我一致性思维链提示技术，并通过示例加以说明。这些技术旨在提示大语言模型在解决问题时清楚地阐明其推理，过程以提高生成结果的质量。尽管这些技术已经涵盖了当前应用中的一些核心方法，但思维链提示技术的种类和应用远不止于此，例如自动思维链提示技术（AutoCoT）、反向思维链提示技术（RCoT）等，读者可自行搜索相关论文进行学习。

4.3.2 逻辑思维提示

早期的大语言模型在复杂逻辑推理任务中通常表现不佳。现有提示方法如 CoT 在一定程度上提升了推理能力，但仍存在推理过程与结论不一致等问题，影响着大语言模型输出结果的可靠性。逻辑思维（logical thoughts，LoT）提示通过在对话中引入命题逻辑，生成扩展的逻辑信息，作为对原始提示的补充，从而增强模型的逻辑推理能力。LoT 还可以与其他提示方法（如 CoT）无缝集成，从而进一步提升模型性能。LoT 技术主要通过三个阶段的工作来增强大语言模型的逻辑推理能力。

①**逻辑提取**：运用大语言模型从对话中选取含条件推理关系的句子，提取命题符号与逻辑表达式，识别相似命题，分析逻辑关系，添加否定和蕴涵符号。例如，从描述书籍与知识、阅读与获取知识、知识与变聪明关系的句子中，提取并表示相关命题及逻辑关系。

②**逻辑扩展**：将提取的逻辑表达式输入用于执行逻辑推理任务的计算机程序中，并依据逻辑推理定律（如传递律、逆否律）进行扩展。如根据已有逻辑表达式，通过这些定律推导出新的逻辑关系。

③**逻辑翻译**：利用大语言模型把扩展后的逻辑表达式翻译为自然语言描述，结合命题符号描述融入原始输入提示，为模型提供额外的逻辑信息，增强推理能力，避免信息丢失。

以下是逻辑思维提示的一个示例。

笔记栏

示例：

提示词：

我希望你通过执行三个关键步骤来解决以下基于逻辑的问题。

第一步需要从给定的问题中进行逻辑提取。你要确定问题中存在的所有可能的基于逻辑的命题，并且你应该用传统的命题语言表达每个命题。

第二步需要你使用提取和确定的基于逻辑的命题来逻辑地解决问题。

第三步包括展示基于逻辑的命题以及你如何解决问题，然后用自然语言解释逻辑，以便我清楚地看到你是如何解决问题的。

你明白这些说明吗？

AI 输出（ChatGPT-4o）：

我明白这些说明。

提示词：

在能见度良好时可选择使用前照灯的司法管辖区，始终使用前照灯的驾驶员发生碰撞的可能性小于仅在能见度较差时使用前照灯的驾驶员。然而，公路安全部门的记录显示，强制始终使用前照灯无助于减少总体碰撞次数。下列哪一项如果为真，最有助于解决上述信息中的明显差异？

a. 在能见度良好时可选择使用前照灯的司法管辖区，四分之一的驾驶员在天气好的时候使用前照灯进行日间驾驶。

b. 强制始终使用前照灯的法律并不特别难以执行。

c. 只有非常小心的驾驶员才会在法律没有要求使用前照灯的情况下使用前照灯。

d. 在某些司法管辖区，能见度良好时使用前照灯是违法的。

e. 强制始终使用前照灯的司法管辖区是日间能见度经常较差的司法管辖区。

AI 输出（ChatGPT-4o）：

要解决这个问题，我们可以分三个步骤来分析问题并选择最佳答案。

笔记栏

第一步：逻辑提取

从题干提取命题：

命题1：在良好能见度的情况下使用前照灯的驾驶员，比仅在能见度差的情况下使用前照灯的驾驶员发生碰撞的可能性更小。

命题2：在某些司法管辖区，尽管前照灯使用被强制，碰撞总次数并没有减少。

我们要找到一个解释，使得在某些地区即使强制使用前照灯，碰撞的总体数量也没有减少的现象得到合理解释。

第二步：逻辑求解

接下来，我们分析选项，看看哪一个解释最能说明这个差异。

选项a：在能见度良好的情况下，有四分之一的驾驶员自愿使用前照灯。这并未说明为什么在强制使用前照灯时碰撞数没有减少。

选项b：表明法律执行的难度，但不解释为什么在强制使用前照灯的情况下没有减少总体碰撞次数。

选项c：指出只有非常小心的驾驶员才会在非强制情况下自愿使用前照灯。这个选项揭示出自愿使用前照灯的驾驶员可能更加谨慎，因此他们的碰撞概率较低。这可能解释了为什么强制使用前照灯后没有显著减少总体碰撞次数，因为被强制使用前照灯的驾驶员并不一定同样小心。

选项d：在某些司法管辖区，能见度良好时使用前照灯是违法的，但这与问题中的差异无关。

选项e：指出强制使用前照灯的地区通常是日间能见度较差的地区，这说明这些地区可能本身就有更高的碰撞风险，从而影响了总体碰撞统计结果。

第三步：解答展示与解释

在所有选项中，选项c最能解释题干中所描述的差异。根据选项c的描述，在法律未要求使用前照灯的情况下，自愿使用前照灯的驾驶员往往是更加谨慎和小心的。因此，他们的碰撞率较低。但一旦前照灯的使用被强制，所有驾驶员（包括不太小心的驾驶员）都必须使用前照灯，因此总体的碰撞率没有明显减少。

笔记栏

自然语言解释

选项 c 提出了一个合理的假设:在非强制情况下选择使用前照灯的驾驶员更为小心和谨慎,碰撞率较低。但是在强制使用前照灯的情况下,所有类型的驾驶员(包括那些不太小心的)都必须使用前照灯,因此碰撞总数没有显著减少。这解释了强制使用前照灯并未显著降低总体碰撞次数的原因。

答案:c

LoT 在提升大语言模型逻辑推理能力方面具有显著优势。首先,LoT 能够与多种提示方法(如 CoT、SC、CoT-SC 等)无缝集成,显著提高这些方法在逻辑推理任务中的性能,扩展了它们的适用范围。其次,LoT 能够有效避免信息丢失问题。与一些神经符号方法(如 SatLM)相比,LoT 通过在逻辑推理过程中将逻辑表达式翻译回自然语言描述,并将其融入原始提示,避免了因逻辑符号提取不准确而导致的信息丢失。例如,在动物认知能力推理实验中,SatLM 因逻辑提取错误出现信息丢失,而 LoT 能够准确地提取并处理逻辑信息,从而得出正确结论。此外,LoT 充分利用了大语言模型在自然语言理解方面的优势。在逻辑翻译阶段,LoT 不仅能够清晰地表达逻辑推理结果,还可以在一定程度上纠正逻辑提取和扩展过程中可能出现的错误,从而进一步增强逻辑推理的准确性和可靠性。

然而,LoT 也存在一些局限性。当前,LoT 仅支持有限的逻辑连接词和推理定律。尽管引入更多的逻辑连接词和推理定律可以进一步提升其逻辑推理能力,但这也会显著增加逻辑提取与翻译阶段提示设计的复杂性,同时加大逻辑扩展阶段的推理难度。此外,由于大语言模型可能生成看似合理但实际并不存在的事实或解释,LoT 在依赖这些错误信息进行推理时,可能导致逻辑表达式重复、逻辑关系遗漏或逻辑命题偏差等问题。因此,在使用 LoT 的过程中,需要注意扩展其逻辑推理能力与保持复杂性可控之间的平衡,同时注意减少模型生成错误信息的影响。这些优点和局限性表明,LoT 在逻辑推理任务中具有重要的应用潜力,但仍有进一步优化的空间。

笔记栏

4.3.3　生成知识提示

整合外部知识以增强常识推理，同时保持预训练序列模型的灵活性，仍然是一个未解决的问题。为探讨这一问题，生成知识提示（generated knowledge prompting，GKP）应运而生。该方法通过语言模型生成知识，并在回答问题时将其作为附加输入。它无需任务特定的监督或访问结构化知识库，但显著提升了大语言模型在四个常识推理任务上的表现，并在数字常识、一般常识和科学常识的基准测试中达到领先水平。

生成知识提示展示了大语言模型作为灵活外部知识来源的潜力，尤其在需要深入理解上下文的任务中更为有用。其核心在于从语言模型中提取相关知识，并将其作为输入提示应用于问题解决。具体流程见图4-1，包括：使用少量示例生成与问题相关的知识语句，随后由第二个语言模型对这些知识陈述进行预测，并筛选出置信度最高的结果。

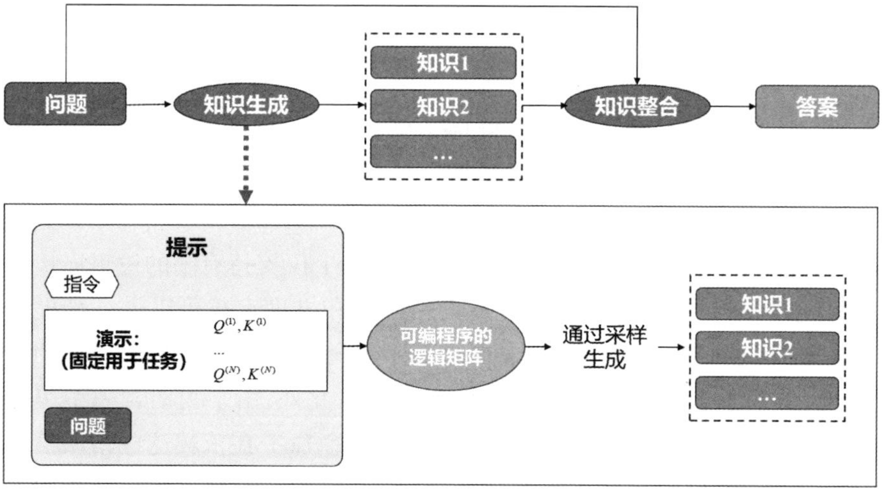

图 4-1　生成知识提示的流程

以下是一个生成知识提示方法用于提升大语言模型在常识推理任务上的准确性的应用示例（https://doi.org/10.48550/arXiv.2110.08387）。

示例：

提示词：

高尔夫比赛的目标是试图得到比其他人更高的分数。是或否？

笔记栏

AI 输出（ChatGPT-3.5）：

是。高尔夫比赛的目标是尽可能少挥杆，将球打入洞内，以尽可能低的杆数完成比赛。因此，比赛的胜者通常是得分最低的选手。

显然，当问题中提到“试图得到比其他人更高的分数”时，大语言模型可能误解了问题的含义，认为是要比其他人得到更高的分数，而忽略了高尔夫比赛中通常胜出的是得分最低的选手这一规则。这种类型的错误揭示了大语言模型在执行需要更多世界知识的任务时的局限性。那么，我们如何通过生成知识提示法来进行改进呢？首先我们需要向大语言模型输入一些“知识”。

提示词：

输入：希腊比墨西哥大。

知识：希腊的面积约为 131 957 平方千米，而墨西哥的面积约为 1 964 375 平方千米，墨西哥比希腊大了 1 389%。

输入：眼镜总是会起雾。

知识：汗水、呼出的气体和周围空气中的水蒸气落在冷的眼镜镜片上时，会冷却并变成微小的液滴，即发生冷凝现象。我们看到的是一层薄膜。镜片相对于人呼出的气体会比较凉，尤其是当外面的空气很冷时。

输入：鱼有思考能力。

知识：鱼比它们看起来更聪明。在许多领域，如记忆方面，它们的能力或超过非人类灵长类动物等“更高级”的脊椎动物。鱼的长期记忆帮助它们跟踪复杂的社交关系。

输入：一个人一生中吸入很多香烟的常见影响是患肺癌的概率高于正常水平。

知识：那些一生中平均每天吸不到 1 支香烟的人，患肺癌的风险是从不吸烟者的 9 倍。每天吸 1~10 支香烟的人死于肺癌的风险几乎是从不吸烟者的 12 倍。

输入：一块岩石与鹅卵石的尺寸相同。

知识：根据沉积学中的 Udden-Wentworth 分级标准，鹅卵石是粒径介于 4~64 毫米的岩石碎屑。通常认为鹅卵石大于颗粒（直径为 2~4 毫米），而小于中砾（直径为 64~256 毫米）。

笔记栏

输入：高尔夫球的一部分是试图获得比其他人更高的得分。

知识：

AI 输出（ChatGPT-3.5）：

不是。在高尔夫比赛中，目标是尽可能少挥杆，以尽可能低的杆数将球打入洞内完成比赛。因此，比赛的胜者通常是得分最低的选手。

4.3.4 推理与行动（ReAct）

在进行适当的提示（如使用 CoT 技术等）后，大语言模型能够执行推理轨迹，完成涉及算术计算、常识推理和符号问题等的多种任务。然而，由于大语言模型缺乏与外部世界的实时交互能力，或无法及时更新自身知识，容易导致事实性幻觉和错误传播等问题。

推理与行动（ReAct）框架是一种将**推理**与**行动**结合的大语言模型通用范式。该框架能够引导模型生成推理轨迹和操作步骤，使其能够动态调整操作计划，同时还可以与外部环境进行交互，并将新信息纳入推理过程。从本质上来看，ReAct 对上下文进行充分学习，并通过提供良好的示例来提升性能。ReAct 能避免大语言模型直接给出不可靠的答案，通过推理和执行交替完成复杂任务，以此来显著提升大语言模型的透明性、可解释性和实用性，见图 4-2。

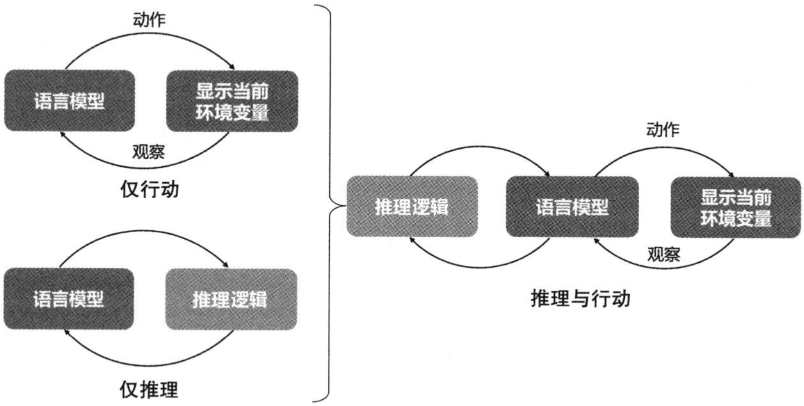

图 4-2 ReAct 法流程

利用 ReAct 框架构建提示词通常包括以下步骤。

①**明确任务目标**:清晰地定义待解决的任务以及期望的输出结果,以确保提示能够聚焦于具体目标。

②**设计推理轨迹**:构建一条清晰的推理轨迹,描述语言模型在解决问题时如何逐步进行推理和决策。

③**编写 ReAct 提示**:根据推理轨迹,编写包含“思考”(thought)、“行动”(action)和“观察”(observation)三个部分的 ReAct 提示,以引导模型动态地生成合理的推理和操作步骤。

下面是一个 ReAct 提示的示例。

示例:

提示词:

你的任务是回答用户的问题。每次回答分为以下步骤。

① **思考**:分析问题背景,明确关键点,推导出下一步的行动计划。

② **行动**:执行基于思考的操作,例如查找信息、推算数据或生成回答。

③ **观察**:记录行动结果,并继续进行下一步思考。

④ **总结**:基于所有推理和观察,生成最终回答。

请构建一条清晰的推理轨迹,每个步骤都应该有思考、行动、观察和总结。

问题:撒哈拉沙漠的年降水量范围是多少?

AI 输出(ChatGPT-4o):

思考 1:撒哈拉沙漠是世界上最大的热带沙漠,其范围跨越多个国家。明确撒哈拉沙漠的地理分布有助于进一步分析降水量的整体变化情况。

行动 1:搜索 [撒哈拉沙漠的地理分布]

观察 1:根据现有知识,撒哈拉沙漠分布在非洲北部,包括阿尔及利亚、利比亚、埃及、尼日尔、乍得、苏丹、马里、毛里塔尼亚等国,其面积超过 900 万平方千米。

总结 1:撒哈拉沙漠的地理范围极其广阔,这意味着气候条件可能存在一定的局部差异,特别是在边缘区域和沙漠中心区域。

笔记栏

思考 2：撒哈拉沙漠属于热带干旱气候，其特点是极端高温和降水稀少。需要分析其降水模式以进一步推导年降水量范围。

行动 2：搜索 [撒哈拉沙漠的气候特征]

观察 2：撒哈拉沙漠的气候特征包括：

- 极少的降雨，多年可能无雨；
- 降水大多以局地雷暴的形式出现；
- 中心地带更干旱，边缘地带相对湿润。

总结 2：撒哈拉沙漠的降水主要受副热带高压带的影响，气流下沉导致蒸发大于降水。因此，中心区域的年降水量几乎为 0，而边缘区域偶尔有降雨。

思考 3：为了明确降水量范围，需要分别考虑沙漠中心地带和边缘地带的情况。此外，全球气候变化可能会在一定程度上影响长期降水量数据。

行动 3：搜索 [沙漠中心地带和边缘地带的降水量范围]

观察 3：

- 中心地带（如利比亚沙漠）：年降水量为 0~5 毫米，有些地区甚至连续多年无降水；
- 边缘地带（如萨赫勒地区）：年降水量可达到 50~100 毫米；
- 平均降水量：大部分地区低于 20 毫米。

总结 3：降水量在不同区域差异显著，沙漠南缘的萨赫勒地带较为湿润，而其他区域极端干旱。

思考 4：撒哈拉沙漠内降水的时间和形式可能会影响对降水范围的估算。需要分析其降水是否有季节性分布或特殊模式。

行动 4：搜索 [撒哈拉沙漠内降水的时间和形式]

观察 4：撒哈拉沙漠的降雨主要有以下特点：

- 降水通常以短时、局部暴雨的形式出现；
- 没有明显的雨季，大部分时间干燥；
- 边缘地带受季风影响，可能出现夏季降雨。

总结 4： 即便在降雨较多的年份，撒哈拉沙漠的降水时间依然极短，大量雨水被迅速蒸发，难以被植物或土壤充分利用。

结论：

撒哈拉沙漠的年降水量范围为 0~100 毫米，其中：

- 中心地带年降水量极低，为 0~5 毫米，有时连续多年无降水；
- 边缘地带（如萨赫勒地区）年降水量较高，可达 50~100 毫米；
- 大部分区域的平均降水量低于 20 毫米。

撒哈拉沙漠整体呈现极端干旱的气候特征，降水时间短、分布不均，降水主要以局部雷暴的形式发生。

ReAct 提示工程技术的优势在于通过将推理与行动分步执行，增强了模型的逻辑性和回答的条理性，避免了直接生成错误答案。它使得模型能够高效地处理复杂任务，通过推理与行动交替完成多步骤的工作，同时在多轮对话中能够基于反馈灵活调整推理和行动，从而提高任务的准确性和智能化水平。ReAct 适用于多种任务场景，例如问答、事实验证、文字游戏以及网页导航等。

4.3.5　自我反查

自我反查（reflexion）是一种创新的语言 AI 代理框架，通过语言强化学习实现大语言模型的自我反思与持续优化。该框架由诺亚·希恩（Noah Shinn）等人在 2023 年提出，旨在让语言模型通过试错不断学习和改进自身能力。其核心理念是通过语言反思 AI 代理的表现，并将反思结果存储为记忆，帮助模型在后续任务中做出更优决策。自我反查的框架主要由以下三个关键部分组成。

①**参与者（actor）**：负责根据状态观察生成文本和行动。参与者在环境中执行动作并接收反馈，形成轨迹数据。其模型使用 CoT 和 ReAct，同时添加记忆模块，为智能体提供额外的上下文信息支持。

②**评估者（evaluator）**：负责评价参与者的输出，具体来说，是根据生成的轨迹（短期记忆）计算奖励分数。不同任务采用不同的奖励函数，例如决策任务中结合大语言模型和基于规则的启发式奖励机制。

③**自我反思（self-reflection）**：通过生成强化学习提示，帮助参与者自我改进。这一功能由大语言模型实现，可为未来试验提供重要反馈。自我反思模型利用奖励信号、当前轨迹和长期记忆，生成具体的反馈并存储于记忆模块中，供智能体参考以快速优化决策。

笔记栏

下面是使用自我反查技术的一个示例。

示例：

提示词：

现在你是一个 AI 助理，可以帮助人们查询信息和解答问题，对你所做出的所有响应，无论正确与否，你都需要进行自我反查并输出。

请求解线性方程：

x+y = 8

3x−6y = 15

AI 输出（ChatGPT-4o）：

我们有以下方程组：

x+y = 8（1）

3x−6y = 15（2）

我们可以使用代入法或消元法来解这个方程组。这里采用代入法。

步骤 1：从方程（1）中解出 x

x=8−y（3）

步骤 2：将 x=8−y 代入方程（2）

将方程（3）代入方程（2）：

3（8−y）−6y=15

步骤 3：展开并简化

24−3y−6y=15

24−9y=15

步骤 4：解 y

将常数项移到右边：

−9y=15−24

−9y = −9

y=−9/−9=1

步骤 5：代入 y=1 计算 x

将 y=1 代入方程（3）：

x=8−1=7

笔记栏

最终解:

x=7, y=1

自我反查结果:代入 x=7 和 y=1 验证原方程组:

方程(1):x+y =7+1=8,成立。

方程(2):3x−6y=3 × 7−6 × 1=21−6=15,成立。

AI 输出(文心一言 V4.0):

首先,我们来解这个线性方程组。

给定的方程组是:

x+y=8（1）

3x−6y=15（2）

为了简化第二个方程,我们可以将其除以 3,得到

x−2y=5（3）

接下来,我们使用加减消元法。将式(1)与式(3)相加,得到

2x−y=13（4）

为了单独解出 x,我们可以将式(1)乘以 2,然后与式(4)相减,得到

3y=3

从中,我们可以解得

y=1

将 y=1 代入式(1),我们可以得到

x+1=8

从中解得

x=7

所以,方程组的解为:x=7,y=1。

自我反查:

为了验证答案的正确性,我们将解代入原方程组进行检验。

代入第一个方程 x+y=8:

7 + 1 = 8,满足条件。

代入第二个方程 3x−6y=15:

3(7)− 6(1)= 21−6 = 15,也满足条件。

因此,我们得到的解 x=7,y=1 是正确的。

笔记栏

AI 输出（DeepSeek R1）：

第一步：理解问题

首先，我需要理解这个问题的要求。我们有两个方程：

$x+y=8$

$3x-6y=15$

目标是找到满足这两个方程的 x 和 y 的值。

第二步：选择解法

解线性方程组有几种常见的方法，包括代入法、消元法和矩阵法。我决定使用消元法，因为它看起来比较直观，适合这个简单的方程组。

第三步：应用消元法

消元法的基本思想是通过加减方程来消去一个变量，从而简化问题。

①消去 y

首先，我观察到第一个方程中 y 的系数是 1，第二个方程中 y 的系数是-6。为了消去 y，我需要让两个方程中 y 的系数相同。

我可以通过将第一个方程乘以 6 来实现：

$6(x+y)=6\times 8$

即

$6x+6y=48$

现在，有

$6x+6y=48$

$3x-6y=15$

接下来，将这两个方程相加：

$(6x+6y)+(3x-6y)=48+15$

简化：

$9x=63$

解出 x：

$x=\frac{63}{9}=7$

②求解 y

现在，我已经知道 x=7，可以将其代入第一个方程来求 y：

7+y=8

解出 y：

y=8−7=1

第四步：验证解的正确性

为了确保我的解是正确的，我需要将 x=7 和 y=1 代入原方程，看看是否成立。

①代入第一个方程

x+y=8

7+1=8

成立。

②代入第二个方程

3x−6y=15

3 × 7−6 × 1=21−6=15

成立。

第五步：总结

通过消元法，我成功地解出了这个线性方程组。最终的解是

x=7

y=1

自我反查

在整个解题过程中，我遵循了消元法的步骤，并通过代入验证了解的正确性。每一步的计算都经过了仔细的检查，确保没有错误。因此，我有信心这个解是正确的。

最终答案：

x=7

y=1

上述例子只是简要展示了自我反查的基本流程，主要用于复核正确结果。至于纠正错误结果，则需要在更复杂的实际应用场景中才能体现。需要注意的是，实际场景的复杂性以及需求的二次开发通常远超示例的演示程度。一般而言，随着大语言模型能力的持续提升，AI 输出的准确率将不断提高，并且在偶发的小概率错误情况下，可以通过自我反

笔记栏

查策略及时纠正，从而进一步提高响应的精确性。

尽管自我反查技术展现出巨大的应用潜力，但在实践中仍然面临诸多挑战。例如，不断生成新的回答和反馈可能造成计算资源的浪费，尤其是在模型回答准确率较低的情况下。这就需要在确保回答质量的同时优化算法，以减少不必要的资源消耗。此外，对于一些没有明确答案的问题，自我反查技术可能难以准确评估生成回答的正确性。在这种情况下，可能需要引入外部知识库或寻求人类专家的反馈，以进一步提升回答的质量和可靠性。

4.3.6 逆向提示工程

逆向提示工程（reverse prompt engineering，RPE）是一种新兴技术，旨在通过分析人工智能模型的输出，反向推导出可能引发该输出的输入提示词。此方法对理解和优化自然语言处理任务中的模型表现，尤其是调试和改进聊天机器人（如 ChatGPT）的性能，具有重要的作用和意义。RPE 的主要过程可以分为以下阶段。

①**模型初始化**：逆向提示工程的第一步是预热模型，为后续步骤奠定基础。这通常通过向模型提供一系列输入文本，让其理解任务的背景。例如，可以输入诸如“请基于提供的文本生成适合逆向提示工程的提示，以实现理想化的内容复现”这样的语句，帮助激活模型并明确任务目标。

②**数据选择**：在这一阶段，需要选择用于逆向工程的文本或代码片段。选择的内容可以是博客文章、代码段或其他目标内容，关键是确保其与期望生成的提示相关。选定后，将该内容输入模型初始化时所使用的对话框中。

③**提示生成**：将所选数据提交给大语言模型，以生成一个初步的提示框架或通用结构。这一步为后续的提示优化提供了参考。

④**提示重写**：根据具体场景需求，对初步生成的提示进行修改，使其更具通用性或更适合多种内容，从而增强提示的适用性。

⑤**提示测试与优化**：当提示完成重写后，需要进行测试。将该提示再次输入一个新的大语言模型中，并结合所需的语气或写作风格进行验证。如果生成结果与预期不符，则需要反复调整和优化提示，直到输出内容满足需求。

笔记栏

以下是一个应用逆向提示的示例。

示例:

提示词:

您是一位“逆向提示工程”专家,能够根据提供的文本逆向生成提示。我将提供一段“公益活动宣传语”,请尽可能具体地分析其语气、风格及其他相关特征,并基于这些生成一个合适的提示。我们将使用您生成的提示来创建类似的宣传语。请告诉我您是否理解,若理解我将继续提供宣传语。如果有任何疑问,请随时提出。

AI 输出(ChatGPT-4o):

是的,我明白了。请提供标语,我将根据其语气、风格和其他相关特征尽力逆向生成一个提示。

提示词:

好的,公益活动宣传语如下:

“地球没有备选方案,请珍惜每一滴水。”

AI 输出(ChatGPT-4o):

当然! 根据提供的公益宣传语,以下是逆向生成的提示:

“为一项环境保护公益活动设计宣传语,语气需直击人心、带有紧迫感,并能引发公众对生态问题的关注。重点传递保护自然资源的责任感,同时用一个具体而具有象征意义的行为(如节约用水)来激励行动。”

创建提示后,指示模型将此提示进一步地转换为可重复使用的模板。

提示词:

能否将此转化为一个带空白的提示模板?

AI 输出(ChatGPT-4o):

当然! 这是一个基于逆向生成提示的带空白的提示模板:

“为一项 [环境保护或公益事业] 设计宣传语,语气需 ___,能够引发公众对 ___ 的关注。重点传递 ___ 的责任感,并以 ___ 的具体行为激励行动。”

请根据具体公益活动的需求填写空白内容,以便生成适合的宣传语创作提示。

虽然创建的提示模板可能并不完美,但它提供了一个巨大的提示词

笔记栏

框架，结合进一步的需求，可以对其进行完善并重新利用。总之，RPE 技术利用了大语言模型的强大功能，还简化了用户与 AI 系统之间的交互，提供了一种根据期望结果定制输入的新方法。通过利用大语言模型固有的创造力和语言理解能力，逆向提示工程可以有效增强对话式 AI 的功效和能力，激发创造力和进行头脑风暴，得到新的解决方案，从而从不同角度探索复杂问题的潜在解决方案。

4.3.7 提示词自动优化工具

刚开始学习提示工程的用户一般很难在较短时间内准确掌握提示词设计技巧，或者需要花费很多时间进行试验和优化，于是催生了各种**提示词自动优化工具**。这些工具专门用于优化大语言模型提示词，通过自动调整和优化提示词，帮助用户生成更高质量的内容。下面简要介绍几个提示词自动优化工具及其功能。

① **Promptfoo**：这是一款开源的提示词调优工具，支持多种大语言模型，包括 OpenAI、Anthropic、Azure、Google、HuggingFace 等。它支持批量运行提示词，并提供提示词文件导入和模型应答结果导出的功能。用户可以通过配置文件来定义测试的提示词、调用模型和测试用例。（网址：https://www.promptfoo.dev/）

② **PromptPerfect**：这是一个尖端的提示词优化器，专为大语言模型设计。它能够自动优化 GPT-4、Claude 和 Midjourney 等先进大语言模型的提示词。无论是文字、图片还是解决方案的提示词，PromptPerfect 都能提供一键优化的功能，帮助用户生成高质量的内容。（网址：https://promptperfect.jina.ai/）

③ **Snack Prompt**：这是一个创新的 AI 对话提示词分享平台，用户可以在这里分享和发现高质量的提示词，提升与 AI 对话的质量和深度。Snack Prompt 适用于教育、研究、创意写作和日常对话等多种场景，用户可以浏览现有的提示词库，也可以创建新的提示词并分享给社区。（网址：https://snackprompt.com/）

实际上，除了这些工具外，也可以结合本章中所介绍的基础和进阶的相关提示工程技术，通过大语言模型来构造这样一个自动提示词优化工具。以下是一个示例。

笔记栏

示例:

提示词:

你是一个大语言模型的提示词优化器。我将**输入**作为你的<原提示词>,你根据下述[优化方式]对<原提示词>进行优化,请进行逐步思考,最后输出<优化提示词>。

[优化方式]:

明确指示的任务和目标

将复杂任务拆解为简单的子任务

使用清晰的结构和精确的描述

提供充分的上下文信息

深入理解<原提示词>的主题,添加对响应的风格要求。

除非完全没有必要,否则都在<优化提示词>的最后给出合适的注意事项。

提示词:

讲一个关于牛顿的笑话。

AI 输出(ChatGPT-4o):

原提示词:讲一个关于牛顿的笑话

优化步骤:

①**明确指示的任务和目标**:用户希望听一个与科学家牛顿相关的笑话。明确目标是使笑话有趣并围绕牛顿的科学发现展开。

②**拆解任务**:将任务拆解为:

- 选择一个牛顿的著名理论或故事背景(如万有引力或三大定律);
- 确保笑话符合轻松幽默的风格;
- 保持笑话结构简洁,便于理解。

③**提供上下文信息**:由于用户期望是关于牛顿的笑话,为确保内容符合预期,背景信息将集中在牛顿的理论或生活轶事上。

④**添加风格要求**:根据笑话需求,突出轻松幽默的风格,适度保持与科学概念的关联。

⑤**注意事项**:确保笑话适合广泛读者理解,不使用过于晦涩的科学术语。

笔记栏

优化提示词：

“请编写一个轻松幽默的笑话，围绕科学家牛顿展开，特别是聚焦于他的万有引力理论或生活轶事。笑话应简洁易懂，适合非科学背景的听众，确保笑话能够让人轻松一笑。”

现在我们得到了优化后的提示词，接下来我们分别将优化前后的提示词提交给大语言模型，看看输出内容有何不同。

优化前的提示词： 讲一个关于牛顿的笑话。	**优化后的提示词：** 请编写一个轻松幽默的笑话，围绕科学家牛顿展开，特别是聚焦于他的万有引力理论或生活轶事。笑话应简洁易懂，适合非科学背景的听众，确保笑话能够让人轻松一笑。
AI 输出： 有一次，牛顿坐在一棵苹果树下，一不小心被苹果砸了脑袋。朋友问他：“牛顿，这么痛，你生气吗？”牛顿揉着脑袋回答：“当然不生气，倒是挺感激这个苹果的。”朋友好奇地问：“感激它？”牛顿微微一笑：“对啊，因为如果它砸的是伽利略，他可能会发现苹果其实是绕着地球在转呢！”	**AI 输出：** 有一天，牛顿在苹果树下又被苹果砸到，村民们跑过来关心地问他：“牛顿先生，您没事吧？”牛顿揉着脑袋，说：“没事，就是有点疼，不过我想到一个有趣的理论。”村民们好奇地问：“什么理论？”牛顿笑了笑：“我发现，每次苹果掉下来砸我，都不是苹果的错，而是我的头吸引了它。”

很显然，使用优化后的提示词，大语言模型的输出结果更加简洁易懂，更适合非科学背景的听众，因为它无须像前者一样，要向那些不了解伽利略的人介绍伽利略是谁。

总之，使用提示词自动优化工具，可以让系统更好地理解用户的意图，提高交互效果；并且在交互之中可以引导用户输入，提高效率。除此之外，AI 可以结合系统具备的知识库和数据资源，帮助用户深入探索所需的信息。同时，提示词自动优化工具的效果也依赖于算法和模型，并且在一些复杂或者特殊的上下文中，可能会存在一定的局限性，有时自动生成的提示词可能无法完全满足用户的需求，还需要用户结合自身对需求的分析进行人工干预或调整。

4.3.8 其他进阶提示方法简介

前面的各节介绍了许多基础的提示工程技巧和一些高级的提示工程技术，这些技巧和技术能够使大语言模型在不同的应用场景中生成连贯且与上下文相关的响应。实际上，本章介绍的方法只是众多提示方法中的一部分,而如何通过提示词的设计进一步挖掘大语言模型的潜力,仍在不断研究中。接下来将简要介绍一些前面各节未涉及的提示工程技术,具体技术细节读者可自行检索相关论文和资料进行学习。

元认知提示(metacognitive prompting,MP):这是一种旨在提升大语言模型元认知能力的技术。通过引入元认知提示的策略,大语言模型能够进行系统的结构化、自我意识的评估,从而提高理解能力。元认知提示通过自我评估和利用内在知识来提升大语言模型的理解能力。元认知提示具体分为以下步骤:首先,模型被提示设定任务目标;接着制定解决策略,并在执行中实时监控和调整;任务完成后,模型进行反思,最后根据反馈调整未来的推理步骤。实验表明,元认知提示在 GLUE 和 SuperGLUE 等基准测试中优于传统提示方式,尤其在深度理解任务中表现出色,能显著提高模型的批判性评估能力。然而,元认知提示也有局限性,例如在特定数据集上的表现不够全面,且对伦理和法律问题的考量较为薄弱。此外,过度思考和过度修正是元认知提示应用中常见的错误类型。

自动提示工程师(automatic prompt engineer,APE):其是由 Zhou 等人提出的一个创新框架,通过自动化生成和优化提示来提升大语言模型的提示性能,旨在解决复杂任务中优化提示效果的关键挑战。APE 将提示优化视为一个黑盒优化问题,将生成、执行和评估提示的过程完全自动化。首先是**指令生成**,使用语言模型基于任务相关的演示生成多种候选提示;接下来这些提示通过目标模型**执行与评估**,并通过计算评分来判断提示的有效性,从而找出最佳提示。在**选择阶段**,选择评分最高的提示用于任务,简化了以往耗费人力的提示设计流程。与手动设计的提示相比,APE 已被证明能够发现更有效的零样本思维链提示。而在黑盒优化方面,APE 可以自动探索潜在的高质量提示,避免了传统手动方法的局限性,增强了高性能提示的设计能力。

对抗思维链提示技术(contrastive chain-of-thought prompting,CCoT):其是思维链提示技术的一种变体,旨在通过生成对抗性示例来挑战语言模型,从而揭示其在复杂推理任务中的潜在缺陷。其工作原理是故意设计错误的推理过程,以测试模型的稳健性和准确性。具体而言,研究者在数学问题等任务中故意提供错误的中间步骤,观察模型能

笔记栏

否识别并纠正这些错误。应用这种方法，研究者能更好地理解语言模型在复杂推理任务中的局限性，并开发出更具泛化能力和可靠性的模型，尤其是在高精度推理要求的应用场景中。对抗思维链提示技术的优势在于能够揭示模型的潜在弱点并提升其推理能力，但也面临一定的挑战，例如如何优化这种方法以应对更广泛的复杂任务，以及如何与其他技术结合以进一步提升模型性能。

第5章

科研实战应用

笔记栏

在科学研究的领域中，AI大语言模型已经成为一股不可忽视的力量。凭借丰富的知识数据和先进的研究、分析和思维组织能力，AI大语言模型能帮助研究者们快速获取信息、整理文献、提出假设并优化研究方法。借助这一工具，无论是在基础科学研究还是在应用技术开发等科研领域中，研究者都能够更高效、更深入地进行理论探索与学术表达。

5.1 AI提示工程在科研论文写作中的应用

5.1.1 学术论文的选题

科研选题是选择、确定并形成需要研究和解决的具体科技问题（包括课题和内容）的过程。这一环节是整个科研工作中具有方向性的核心决策环节。研究问题不仅是研究的起点，也是论文的核心与焦点，对科研工作的各个方面均有深远影响。尽管研究问题有很多，但并非所有的问题都是优秀的研究问题。一个优秀的研究问题应具有以下特征。

（1）有研究意义和价值

优秀的研究问题应具有显著的学术或实践价值，能够对学术界、行业或社会产生积极影响。它应该帮助填补知识空白、提供解决现实世界问题的新方法，或者挑战并扩展现有的理论和方法，能够对相关领域的研究起到边际提升作用，丰富研究成果。

（2）明确而具体

好的选题应该“小而美”，能够充分聚焦，这样研究才能够深入。研究问题需要足够明确，以便研究者准确地界定研究的范围和方法。这意味着问题应该具体到可以通过特定的研究设计和方法论来回答。模糊或过于广泛的问题可能难以有效地研究和回答。一个既不明确也不具体的研究问题可能会因为缺乏清晰的研究目标和界定，而导致研究设计和实施难以有效进行。这类问题通常表述模糊，难以操作或测量，从而影响研究的实施和结果的解释。

（3）具有争论性

好的研究问题应该具有争议性，这意味着不同的专家或研究者可能对同一问题的答案有不同的看法。这种特点鼓励批判性思维和深入分析，有助于推动学术对话和知识进步。如果一个研究问题已经有了很明确的答案，或者这个答案很容易查到，那么它就不是一个好的研究问题。

（4）有充分的可行性

好的研究问题必须是切实可行的，这意味着在现有的时间、资源和技术限制条件下可以进行研究。研究者需要考虑研究的难度、数据的可获得性、研究所需的资金和设备，以及进行研究的伦理和法律要求等。不可行的研究问题通常因为实际的研究限制而难以实现。这样的问题往往在理论上可能听起来有吸引力，但在实际操作上存在重大障碍。

（5）具有一定的创新性

创新性是指研究问题能够提出新的观点、方法或理论。对已被广泛研究的主题提出新的研究角度，也能够被视为具有创新性。这种特点可以助推学科前沿的发展，引领新的研究趋势。研究问题如果缺乏创新性，通常是因为它们没有提出新的见解、方法或做出理论贡献，可能仅仅是在重复已有的研究，或者探讨的是一个已经得到充分解答的问题。

在明确了什么是一个好的研究问题后，我们来简单尝试一下如何使用大语言模型进行论文的选题。还是以提示工程技术的研究为例，首先我们以“提示工程技术”作为**研究领域**，让大语言模型为我们初步生成几个**研究课题**。

提示词：

你是一位科学研究顾问，你的任务是针对“提示工程（prompt engineering）技术”学术写作项目探索潜在研究课题（research topic）。首先，识别该领域当前的发展趋势、存在的差距及新兴问题，这些都可能成为有深远影响的研究契机。一步步思考能够丰富研究视角的跨学科方法。列出至少5个引人入胜的research topic，每个都附带一段关于其重要性、可以探讨的研究问题（research questions）及对该领域的贡献的简述。确保每个课题（topic）具有可操作性、创新性，并明确深度调查的范围。

AI输出（ChatGPT-4o）：

研究课题1：提示工程与模型偏见的缓解

重要性： 随着提示工程在人工智能应用中广泛使用，提示设计可能会显性或隐性地影响模型的偏见和输出的公平性。这一课题对确保人工智能技术的公正性、透明性和社会接受度具有重要意义。

笔记栏

研究问题:

- 提示如何影响语言模型的偏见和公平性?
- 是否可以通过优化提示设计显著降低偏见?
- 不同文化和语言背景的提示是否会引入或加剧模型的偏见?

贡献: 这一研究将为构建更公平和负责任的人工智能提供具体的提示设计策略,并可能为政策和伦理规范的制定提供理论支持。

研究课题 2: 提示工程的个性化与动态适配

重要性: 不同用户在相同的模型交互中可能需要不同的提示风格,个性化和动态适配的提示设计可显著提高用户体验与模型性能的契合度。

研究问题:

- 如何实时调整提示以满足用户的个性化需求?
- 不同任务背景下提示工程的动态优化算法如何设计?
- 个性化提示对用户满意度和任务完成效率的具体影响是什么?

贡献: 该课题将推进提示工程从静态设计走向动态优化,为个性化的人工智能服务奠定技术基础。

研究课题 3: 提示工程在多模态生成任务中的作用

重要性: 当前大模型主要集中在单一模态提示,而多模态任务(例如图像生成与文本描述结合)对提示设计提出了更高的要求。

研究问题:

- 文本和非文本提示在多模态任务中的互补性如何体现?
- 不同模态提示组合的最佳策略是什么?
- 多模态提示设计如何影响生成质量与多样性?

贡献: 本研究将揭示提示在多模态任务中的潜在规律,为新一代多模态模型的开发提供指导。

研究课题 4: 提示工程与低资源语言模型的优化

重要性: 主流提示工程研究主要集中在高资源语言,而低资源语言面临的模型性能问题尚未得到充分解决。

研究问题:

- 提示如何在低资源语言的任务中弥补训练数据不足?
- 低资源语言的提示设计是否需要新的理论框架?
- 提示在跨语言迁移中的作用如何?

贡献: 该课题将推动低资源语言处理能力的提升,促进全球范围内人工智能技术的公平发展。

研究课题5:基于人类认知的提示工程优化

重要性: 人类的认知习惯和语言理解方式可能会影响提示的有效性,基于认知科学的提示设计可以进一步提高模型的交互能力。

研究问题:

- 人类语言理解中的隐性语境如何影响提示的构建?
- 基于认知心理学的提示设计是否可以提高用户-模型交互效率?
- 提示的语法和语义结构如何与认知负荷相关联?

贡献: 此课题将为提示工程注入认知科学视角,助力设计更自然、直观和高效的人工智能交互方式。

我们需要从大语言模型提供的**研究课题**中选取一个我们感兴趣的,例如"基于人类认知的提示工程优化"。接下来,我们需要将此**研究课题**进一步细化为**研究问题**。

提示词:

以科学研究咨询师的身份,为关于"**基于人类认知的提示工程优化**"的学术论文开展研究问题的制定工作。首先,找出与研究主题紧密相关的主要主题和子主题,这些是探索的好方向。形成一套明确、具体并促成深度学术探讨的研究问题。每个问题旨在针对研究主题的一个特定方面,发掘新的见解或对现有知识做出贡献。确保这些问题是开放式的,可以引发分析和评价,同时也指导研究方法的选择。在制定问题时,思考研究成果可能带来的影响及应用。

AI输出(ChatGPT-4o):

主要主题和子主题

主要主题1:人类认知与提示设计的关系

子主题:认知负荷、语言理解、隐性语境的处理

笔记栏

主要主题 2：提示的语法与语义结构对认知的影响

子主题：简洁性、歧义性、语境感知

主要主题 3：提示优化与任务类型的关联

子主题：生成任务、分类任务、复杂推理任务

主要主题 4：个性化提示与用户特征

子主题：年龄、文化背景、语言水平

主要主题 5：实验与评估框架

子主题：主观体验与客观性能评估、认知负荷测量方法

研究问题集

主要主题 1：人类认知与提示设计的关系

①人类的认知负荷如何影响复杂提示的处理效率和准确性？

②用户对隐性语境提示的理解是否与任务完成效率和满意度呈现关联性？

③在多轮交互中，认知负荷的动态变化如何影响用户对提示的接受度？

主要主题 2：提示的语法与语义结构对认知的影响

④简洁明了的提示是否始终优于复杂提示，特别是在需要多步骤推理的任务中？

⑤提示的语法与语义结构如何影响用户对模糊性和歧义的感知？

⑥在提示中加入明确的语境标记是否会显著降低认知负荷并提高任务完成率？

主要主题 3：提示优化与任务类型的关联

⑦不同类型的任务（如生成型或推理型）对提示设计的认知要求有何不同？

⑧如何在设计提示时平衡通用性和针对性以适应复杂任务？

⑨针对推理任务的提示优化策略如何提高模型的回答准确性与解释性？

主要主题 4：个性化提示与用户特征

⑩提示工程如何根据用户的年龄或语言能力动态调整提示的长度和复杂性？

⑪不同文化背景的用户是否对同样的提示有显著不同的理解和

偏好？

⑫用户在使用人工智能模型时的行为模式是否能用于预测提示优化方向？

主要主题 5: 实验与评估框架

⑬是否可以设计一种新的实验框架，将主观的用户体验与客观的任务绩效结合起来评估提示的有效性？

⑭提示的不同认知属性（如语言清晰度、信息密度）如何通过心理测量工具（如眼动追踪或脑电分析）量化？

⑮在多轮交互实验中，如何衡量提示设计对认知负荷与模型性能的综合影响？

研究成果的潜在影响与应用

提升用户体验: 更自然的提示设计将使人类与人工智能的交互更加高效。

优化提示策略: 为动态生成与个性化提示提供科学依据，提高大语言模型的适用性。

促进跨学科创新: 在人工智能和认知科学的交叉领域提出新的理论和方法。

拓展应用场景: 在教育、医疗、金融等需要复杂推理和个性化交互的领域应用更智能的提示工程技术。

在大语言模型给出具体的研究问题后，我们需要进一步结合具体需求以及科研问题的选取原则，对生成的研究问题进行筛选和分类，评估其学术价值、创新性和可行性。可以结合领域内的前沿文献与专家意见，筛除已有解答或价值不高的问题，最终确定核心问题，完成学术论文的选题。

5.1.2　文献的检索与阅读

文献阅读通常是开展学术研究不可或缺的一步。通过深入了解前人的研究成果，研究人员可以掌握领域前沿动态并深入探索某一主题，区分自身课题已知和未知的方面。有效的文献阅读能使研究人员避免重复劳动，发现并了解已有研究所使用的方法、技术以及该领域相关研

笔记栏

究的空白和不足，进而为自己的研究提供理论支持和方法指导，从而提升研究的深度和广度。

当前，相当一部分大语言模型具备联网搜索能力，如 ChatGPT-4o、Kimi 等，这意味着我们能够利用大语言模型直接对论文进行检索。当确定了研究方向或希望了解的研究领域后，我们可以通过设计提示词让大语言模型代替我们进行文献检索。接下来，我们来看一个示例。

提示词：

作为一名学术研究专家，从以下数据库中对“提示工程”（prompt engineering）进行广泛的文献搜索，找到 5 篇出版日期在 2023 年后的相关文献。提供包括标题、作者、出版日期、摘要和全文链接的论文列表。

数据库：https://arxiv.org/

AI 输出（ChatGPT-4o）：

以下是从 arXiv 数据库中筛选的 5 篇 2023 年及以后的关于“提示工程”（prompt engineering）的相关论文，包含标题、作者、出版日期、摘要和全文链接。

1. A Prompt Pattern Catalog to Enhance Prompt Engineering with ChatGPT

作者：Jules White, Quchen Fu, Sam Hays, Michael Sandborn, Carlos Olea, Henry Gilbert, Ashraf Elnashar, Jesse Spencer-Smith, Douglas C. Schmidt

出版日期：2023 年 2 月 21 日

摘要：该论文介绍了一个提示模式目录，旨在通过 ChatGPT 提升提示工程的效果。提示工程是一项日益重要的技能，用于与大语言模型（LLM）进行有效对话。提示是给 LLM 的指令，用于执行规则、自动化流程，并确保生成的输出的特定质量和数量。

全文链接：https://arxiv.org/abs/2302.11382

2. Prompt Engineering a Prompt Engineer

作者：Qinyuan Ye, Maxamed Axmed, Reid Pryzant, Fereshte Khani

出版日期：2023 年 11 月 9 日

笔记栏

摘要：提示工程对于优化大语言模型在定制任务上的性能至关重要。该论文提出了一个方法，通过在元提示中加入详细描述、上下文规范和逐步推理模板，提升提示工程的效果。

全文链接：https://arxiv.org/abs/2311.05661

3. A Systematic Survey of Prompt Engineering in Large Language Models: Techniques and Applications

作者：Pranab Sahoo, Ayush Kumar Singh, Sriparna Saha, Vinija Jain, Samrat Mondal, Aman Chadha

出版日期：2024 年 2 月 5 日

摘要：该论文系统地概述了提示工程的最新进展，按应用领域分类。对于每种提示方法，提供了提示方法、应用、涉及的模型和使用的数据集的摘要。

全文链接：https://arxiv.org/abs/2402.07927

4. Active Prompting with Chain-of-Thought for Large Language Models

作者：Shizhe Diao, Pengcheng Wang, Yong Lin, Rui Pan, Xiang Liu, Tong Zhang

出版日期：2023 年 2 月 23 日

摘要：该论文提出了一种新方法——Active-Prompt，旨在通过任务特定的示例提示（带有人为设计的思维链推理）来适应不同任务的 LLM。

全文链接：https://arxiv.org/abs/2302.12246

5. Visual-Language Prompt Tuning with Knowledge-guided Context Optimization

作者：Hantao Yao, Rui Zhang, Changsheng Xu

出版日期：2023 年 3 月 23 日

摘要：该论文介绍了一种新的知识引导上下文优化方法（KgCoOp），旨在通过减少可学习提示与手工提示之间的差异，增强可学习提示对未见类别的泛化能力。

全文链接：https://arxiv.org/abs/2303.13283

笔记栏

在大语言模型给出各文献的信息和简单摘要后，我们可以快速浏览每篇文献的主要研究内容，并结合自身的需求，挑选指定的文章并通过大语言模型所给出的论文的全文链接进行索引，下载并阅读相应的论文。值得注意的是，大语言模型在检索文献时可能会出现论文链接失效或标题与内容不符等问题，我们需要进一步手动核查，并设计更为精细的提示词以避免这些问题。总之，利用 AI 模型处理海量的学术数据，并自动筛选出相关文献，能够大幅减少人工检索的时间成本，同时避免了信息过载问题，为研究人员推荐更加精准、全面的文献。

一篇学术论文通常凝练着研究人员长期积累和深入思考的研究成果。而使用 AI 大语言模型进行学术文献的辅助阅读，往往能够提高研究人员对大量文献的理解效率和深度。借助 AI 模型对海量文本数据的处理能力，研究者可以迅速获得文献的关键信息，自动提取摘要、分析研究方法、识别核心观点，从而节省大量的人工阅读时间。在使用 AI 大语言模型进行学术文献辅助阅读时，我们可以将论文的 DOI 号或者下载好的论文文件输入大语言模型中，然后通过设计提示词获取我们希望从这篇文章获取的关键内容。例如，我们先将下载好的论文文件输入大语言模型中，然后输入提示词。

提示词：

对文章内容进行归纳总结：

作为一名学术研究专家，阅读并消化指定标题的研究论文内容，提供一个简洁明了的中文总结，包括主要发现、方法、结果和研究意义。确保总结对一般读者友好，同时保留原文的核心见解和细节。

AI 输出（ChatGPT-4o）：

本文主要探讨了如何利用生成知识提示（generated knowledge prompting, GKP）改进常识推理任务的性能。以下是文章内容的简洁总结。

研究背景

目前，是否需要结合外部知识来提升常识推理能力仍存在争议。大型预训练语言模型已经展现了强大的推理能力，但其性能可能受到外部知识质量和灵活性的限制。

笔记栏

研究方法

提出了一种新方法——生成知识提示，包括以下步骤。

①知识生成：从语言模型中基于少量示例生成与问题相关的知识陈述。

②知识整合：将生成的知识作为额外输入，与问题一同提供给推理模型进行预测。

这一方法无须依赖结构化知识库或专门的任务监督，适用于零样本和微调的推理模型。

实验设计

测试了四个常识推理任务：

① NumerSense（数字常识）；

② CommonsenseQA（常识问答）；

③ CommonsenseQA 2.0（扩展版常识验证）；

④ QASC（科学常识问答）。

主要发现

①性能提升：GKP 在多个任务中的表现超越现有最佳模型。例如，在 NumerSense 上提升了 6%的准确率，在 CommonsenseQA 2.0 上提升了 2%。

②灵活性与质量：通过生成自然语言知识而非检索或模板生成，展示了模型在知识生成上的灵活性和高效性。

③知识数量与质量的影响：生成更多知识通常能提高模型性能，但过多的噪声知识可能削弱效果。

④跨模型适用性：无论是零样本还是微调模型，GKP 均表现出一致的改进效果。

研究意义

- GKP 方法凸显了语言模型作为外部知识来源的潜力，尤其在没有适用知识库的情况下。
- 方法简单高效，减少了对手工构建模板或任务特定知识的需求，为不同领域的常识推理任务提供了通用解决方案。

未来展望

研究表明，改进生成知识的准确性和相关性可以进一步提升推理模

笔记栏

型的表现。这为探索更广泛的知识生成和整合方法提供了启示。

如果需要更详细的部分解读或关键实验的图表分析，请告诉我！

除了总结全文主要内容外，我们还可以针对论文内容中感兴趣的内容，编写提示词使大模型对细节进行进一步分析。比如我们可以追问“论文作者是如何围绕 NumerSense（数字常识）任务开展实验设计的”，大语言模型的输出如下。

AI 输出（ChatGPT-4o）：

在论文中，针对 NumerSense（数字常识）任务，作者设计了一系列实验以评估生成知识提示（generated knowledge prompting，GKP）方法的有效性。以下是实验设计的关键内容。

任务简介

NumerSense 是一个诊断性数据集，其中包含关于日常对象和概念的数字陈述。任务要求填补语句中被掩盖的数字词汇（例如“<mask>”），并从有限的选项（整数 0 到 10 以及词语“no”）中选出正确答案。

实验细节

1. 模型设置

- **知识生成模型：**使用 GPT-3（通过少量示例提示生成知识），生成与问题相关的知识陈述。
- **推理模型：**采用 T5-11b 的零样本（zero-shot）版本作为推理模型。

2. 知识生成

- **Prompt 模板：**作者设计了一些手工编写的示例知识对，指导 GPT-3 生成关于输入问题的知识。示例如下：

问题：a typical human being has <mask> limbs.

知识：A human has two arms and two legs.

- 每个问题生成 **M=20** 条知识陈述，采用 Nucleus Sampling 策略生成并过滤重复内容。

3. 知识整合

- 将生成的知识与问题拼接，形成知识增强的问题输入（例如“[Knowledge] || [Question]”），输入推理模型中。
- 通过对所有知识陈述进行推理，选择得分最高的答案作为最终

笔记栏

预测。

4. 对比基线

- **无知识模型**：仅通过问题输入推理。
- **随机句子生成**：从语言模型中随机生成与问题无关的句子。
- **上下文句子生成**：基于问题生成的直接文本续写。
- **模板生成知识**：基于预定义模板生成知识。
- **检索式知识**：从维基百科或 GenericsKB 中检索相关陈述。

5. 评估指标

- 通过开发集和测试集上的准确率衡量模型的推理性能。
- 对比 GKP 方法与上述基线方法在各项指标上的表现。

实验结果

- 在 NumerSense 上，GKP 方法取得了显著的性能提升：
  测试核心集（test-core）准确率从基线的 66.18% 提升至 72.47%；
  测试全集（test-all）准确率从基线的 64.05% 提升至 72.47%。
- 对比分析表明：
  随机生成和上下文生成的句子对推理帮助不大，甚至可能降低性能。
  GKP 方法生成的知识的质量高于模板生成知识，且在大多数情况下优于检索式知识。

结论与意义

NumerSense 实验证明，生成知识提示方法能够有效弥补推理模型在数字常识上的不足。GKP 方法无须依赖外部知识库或特定任务的监督，大幅提升了零样本推理能力，并为没有适用知识库的领域提供了有效解决方案。

此外，我们还可以将更多论文上传，让 AI 整理完主要内容之后形成一个表格，无论是写文献综述还是组会展示，都非常方便。下面以三篇有关提示工程技术的经典论文作为例子进行说明。

提示词：

请仔细阅读下面几篇论文，总结主要内容，并将论文的标题、期刊、作者、基本方法和结论整理成表格。

AI 输出（ChatGPT-4o）：

笔记栏

我已经阅读了您提供的三篇论文内容。以下是这些论文的主要内容总结，并将它们的标题、期刊、作者、基本方法和结论整理成表格。

如果您需要详细的内容解读或对某篇论文进行更深入的讨论，请告知我！

标题	期刊/来源	作者	基本方法	结论
Generated Knowledge Prompting for Commonsense Reasoning	arXiv	Jiacheng Liu, Alisa Liu, et al.	提出了一种生成知识提示的方法，通过语言模型生成与问题相关的知识并将其作为输入，提升常识推理任务的表现	生成的知识提示显著提高了常识推理任务的性能，包括 NumerSense、CommonsenseQA 2.0 和 QASC，并在多个基准测试中达到最新的技术水平
Automatic Chain of Thought Prompting in Large Language Models	arXiv	Zhuosheng Zhang, Aston Zhang, et al.	提出了自动链式思维提示（Auto-CoT），通过多样性采样和自动生成的推理链替代手动设计的演示，简化了复杂推理任务的提示过程	Auto-CoT 在十个推理任务基准中匹配或超过了手动链式思维提示，显示了生成的推理链在无须手工设计时的高效性和适应性
Reflexion: Language Agents with Verbal Reinforcement Learning	arXiv	Noah Shinn, Federico Cassano, et al.	提出了 Reflexion 框架，通过语言模型的自我反思生成语言反馈，用于强化学习决策，以改进任务解决能力	Reflexion 在多种任务（如顺序决策、推理、代码生成）中表现优异，通过语言反馈代替传统的梯度学习方法，提高了效率和性能，特别是在少量试验中展示了明显的学习改进

5.1.3 论文的起草与撰写

撰写论文是学术研究的重要环节。学术论文的结构通常由功能各异、明确区分的几部分构成。在基础科学中，常用的学术论文结构为 IMRAD，即引言（introduction）、方法（methods）、结果（results）和讨论（discussion）。学术论文需要具备一定的深度和专业性，AI 大语言模型可以根据研究者的要求，生成初步的论文草稿。这为研究者们提供了一个框架，使其能够专注于内容的完善和论证，而不是从头开始撰写文本。在使用 AI 大语言模型辅助论文写作时需要注意的是，论文写作是学习、巩固、运用知识的过程，考验着研究者们独立思考与创作和运用跨学科、综合性知识的能力。AI 工具是论文写作的辅助性工具，论文的思路和具体内容需要自主完成，并要求符合法律、学术和道德规范框架。

接下来，本节将结合几个具体的任务，展示使用大语言模型进行学术论文写作的系统性流程。值得注意的是，本节侧重于针对学术论文领域的提示词进行演示，得到的并非严格意义上完全符合学术标准的论文。读者可根据本节的研究步骤和提示词示例自行进行实践或优化，以进行真正符合标准的学术论文创作。

（1）撰写论文标题

论文标题（title）是论文的门面，也是论文内容的高度凝练。论文标题直接影响论文的传播力和学术影响力。其不仅是读者对论文的第一印象，也是决定论文是否被进一步阅读的重要因素。在学术期刊、数据库的检索结果中，标题往往是读者获取论文信息的主要依据。因此，一个清晰、准确且吸引人的标题尤为重要。它能够快速传递论文的核心内容，让读者在第一时间了解研究的主题与价值，同时帮助论文在学术传播渠道中获得更多的关注。

在拟定论文标题时，研究者需要充分认识标题的重要性，并掌握其基本要求。优秀的标题通常具备以下三大特点：**清晰性、简洁性和针对性**。

①**清晰性**要求标题能够准确传达论文的核心内容，避免使用模糊或晦涩的表达。例如，标题应直接体现研究的问题、方法或结论，而非泛泛而谈。

②**简洁性**强调标题字数适中，一般建议控制在 20 个字以内，避免冗长或复杂的表达。

③**针对性**则体现在对学术领域核心关键词的精准使用，方便目标读者快速检索到相关内容。

在具体拟定标题时，研究者可以从研究的核心问题入手，将研究主题、方法和成果进行清晰概括。同时，标题的拟定往往是一个动态优化的过程。在论文撰写和修改过程中，研究者应不断审视标题是否准确反

笔记栏

映内容，语言表达是否得当，确保标题与研究内容一致，同时突出研究的创新点。虽然AI工具可以为标题初稿提供帮助，但研究者仍需结合具体研究内容和领域需求，反复调整与优化，以确保标题符合学术规范与传播要求。最后，为了进一步优化标题，研究者们还可以与导师或同行讨论，征求意见，针对语言表达、关键词选择等方面进行调整。通过反馈和交流，标题的语言表达可以更加精准，也更具传播力。

（2）撰写摘要

论文摘要是论文的“微型版”，是对整篇论文内容的高度概括与凝练。作为读者接触论文的第一部分，摘要应能够快速传递论文的核心信息，帮助读者判断其与自身研究兴趣的相关性。因此，撰写摘要时，研究者需注重结构清晰与表达精准，确保其简明而全面地呈现论文内容。

优秀的摘要需具备以下特性：**简明、完整、条理清晰**。摘要的作用是用最少的字数准确概述论文的研究目标、方法、结果和结论。通常摘要字数限制为250字左右，研究者需在规定长度内提炼出关键内容，使其即便脱离正文，仍能独立传递论文的核心信息。值得注意的是，摘要并非正文的简单缩写，而是论文的独立部分，应包含足够信息，使读者无须阅读全文即可理解研究的主题与意义。

摘要的基本结构应包括以下四个要素。

①**研究目标与范围**：阐明研究背景、问题和重要性，简要说明研究目的。

②**研究方法**：概述研究设计、实验方法或分析框架，突出方法的独特性或创新性。

③**主要结果**：总结研究的核心发现与关键数据，这是摘要的核心部分，应清晰具体。

④**结论与意义**：概述研究的学术或实践价值，并对研究问题的解答进行简要总结。

在撰写摘要时，AI工具可为研究者提供初步帮助。例如，可通过设计模板化提示词，如“研究的目标是……”“我们采用了……的方法”“结果显示……”“结论为……”等，使摘要具有一定的结构性。然而，AI生成的摘要仅为初稿，研究者需根据实际内容优化语言与逻辑，确保其符合学术规范与研究实际。

笔记栏

此外，研究者应注意以下事项：

①不应在摘要中包含正文未提及的内容；

②避免冗长的背景介绍或过度技术化的术语；

③摒弃主观评价与模糊表达，如“这是重要的研究”，而应以数据和结果为支撑；

④使用简洁明了的语言，避免复杂句式或过度修辞，确保易于阅读与理解。

（3）撰写引言部分

论文引言是论文正文的开篇，也是奠定研究背景与学术方向的重要环节。尽管标题和摘要是论文最先呈现给读者的部分，但它们通常在论文完成后才进行斟酌。而引言作为正文的起点，不仅需要概述研究的背景和动机，还需清晰地阐述研究的目的、范围及其学术意义。一个成功的引言能够吸引读者注意，为论文的核心内容铺垫基础，并帮助读者理解研究的价值与必要性。

撰写引言的首要任务是提供足够的背景信息，使读者无须查阅相关文献即可理解研究背景与重要性。背景内容通常包括以下几点。

①**研究领域简介**：介绍研究所属领域的基本情况及发展现状。

②**核心问题描述**：概述该领域面临的关键问题及其重要性。

③**研究空白与不足**：分析现有研究的局限性或未解决的科学难题，说明当前研究的合理性和必要性。

对参考文献进行筛选与分析后，引言应围绕这些内容展开，并聚焦于现有问题的核心空白，从而为研究的创新性与独特性奠定基础。这不仅能够展示研究的价值，还能帮助读者快速理解其必要性。

其次，研究者需在引言中清晰说明研究课题的范围与目标，包括研究意义及研究目标与方向。

①**研究的意义**：解释为何选择这一课题，以及它对学术界或实际应用的重要性。

②**研究目标与方向**：通过明确的措辞（如“本研究旨在……”“为了……”等）直接指出研究目标，这一目标可以是回答某一问题、验证某种假设，或揭示某种规律。

此外，还需根据需要简要说明研究所采用的方法及其选择理由。这

笔记栏

不仅能增强研究的说服力，也有助于读者理解研究设计的合理性。例如，说明方法的独特性或创新性能够进一步突出研究的贡献。

最后，引言应当简要概述科研工作的主要结果及其结论。虽然这些内容将在论文的正文和结论部分详细展开，但在引言中简单提及有助于让读者从一开始就了解研究的核心发现及其对学术领域的贡献（仅适用于一些学科和期刊）。

总的来说，引言的写作需要遵循**“背景—问题—目标—方法—结论”**的逻辑顺序。一个高质量的引言不仅能够概述研究背景和动机，还能够清晰地界定研究的范围和目标，并以此为读者提供理解和评估论文的基础。通过精心选择参考文献、清晰表达研究动机、指出研究空白并提出明确的研究目标，引言能够有效地为论文的核心内容服务。同时，研究者需要注意语言的清晰性和表达的简洁性，避免过于冗长或晦涩的描述，从而使引言具有较强的可读性和学术吸引力。

（4）撰写方法部分

论文的方法部分（英文论文有时会使用 Materials and Methods、Experimental Procedures 等措辞）是展示研究过程和科学性的重要部分，其核心目的是提供足够的细节，使同行能够重复实验并评估研究的合理性与结果的有效性。科学研究强调可重复性，因此方法部分的描述需要详尽而精确，确保实验设计清晰、操作透明，为研究结论提供坚实的基础。

方法部分首先应明确研究设计，包括研究类型（如实验性、观察性或理论性研究）、研究对象的选择标准以及变量的设置（如自变量、因变量和控制变量）。若采用对照组设计，需清楚说明对照组与实验组的区别及选择依据。同时，需描述研究过程中的关键逻辑和框架，突出实验的科学性和可行性。

材料与设备的说明需具体、清晰，包括所用试剂、样本的来源和设备的规格及参数设置，确保提供重复实验的必要信息。实验操作过程应按照时间或逻辑顺序简洁描述，突出关键步骤及可能影响结果的条件，例如环境因素、处理方法或操作细节。

数据分析方法是方法部分的重要内容，应说明数据处理的工具、统计分析的技术（如回归分析等）及显著性水平。通过明确这些信息，帮助读者评估数据的合理性和结果的有效性。此外，对于采用创新方法的研究，需论证其选择依据并说明与传统方法的区别。

在语言方面，方法部分应使用过去时，逻辑清晰、表述简洁，避免模糊和主观评价，同时确保信息的完整性和条理性。必要时，可使用小标题将内容分为不同模块（如研究设计、材料、实验步骤、数据分析），以提高可读性。

总之，方法部分的撰写应以翔实、透明和逻辑严谨为原则，确保研究的科学性、可重复性和学术价值。这一部分不仅为研究结论提供支撑，也为后续研究者提供借鉴。

（5）撰写结果部分

论文的结果部分是研究发现的核心呈现部分，旨在以清晰、简洁和有条理的方式展示研究所得数据和观察结果。其主要作用是让读者快速了解研究的核心发现，并为后续的讨论部分提供基础。结果部分不应包含主观解释或讨论，而是单纯地展示研究中获得的数据、统计分析结果及关键发现，以保证科学性和客观性。

在撰写结果部分时，首先需要按照研究问题的逻辑顺序组织内容，使读者能够清晰理解结果与研究目标的对应关系。结果的呈现应以数据为核心，可以通过文字、表格和图片相结合的方式来表达。文字部分应简要概述研究发现的关键点，而表格和图片则用来直观展示数据的具体细节和趋势。每个图片或表格都应有明确的标题和说明，使其在脱离正文时也能被独立理解。

其次，结果部分应强调研究中的关键数据或显著发现。对于定量研究，需明确提供统计结果，包括均值、标准差、显著性水平等。同时，应准确报告统计分析方法的结果（如回归分析的系数、方差分析的显著性结果等）。对于定性研究，则需展示核心主题、模式或关键观察结果，并用适当的引文或示例支持发现。无论何种研究类型，结果的呈现都应客观，避免任何倾向性或主观性描述。

结果部分还需避免冗长和无关的细节，仅展示与研究问题直接相关的数据，避免堆砌过多不必要的信息。可以通过分段或使用小标题来组织内容，使不同结果之间的逻辑关系更加清晰。例如，可以按研究目标或实验步骤分组报告结果，从而增强结果的条理性和易读性。

语言表达方面，结果部分应简洁、准确，避免过度解释或情感化表

笔记栏

述。研究者需要用中性语言描述发现，例如“数据显示……”或“分析结果表明……”，并避免使用评价性词语（如“令人惊讶”或“显著改进”），将解释的部分留给讨论部分。

总之，论文的结果部分是对研究数据和发现的客观呈现，应以数据和事实为基础，确保逻辑清晰、表达准确，并避免主观性和冗余信息。通过合理组织内容并结合图表工具，结果部分可以为读者提供清晰的研究结论依据，同时为后续的讨论和总结打下坚实的基础。

（6）撰写讨论部分

论文的讨论部分是将研究结果与研究目标联系起来的关键部分，也是论文内容深化和意义提炼的核心所在。讨论部分不仅需要揭示结果的内在逻辑、科学意义和应用价值，还需与前人研究对比，从而体现研究的独特性和贡献。在撰写讨论部分时，应遵循**条理清晰**、**内容翔实**、**逻辑严密**的原则，避免单纯重复结果或过度推测。

首先，讨论部分的核心在于解释结果。研究者需深入分析结果部分的数据，揭示数据中蕴含的科学原理、变量间的相互关系以及研究结果的普适性。这一过程需围绕研究目标展开，避免重复描述结果，而是基于结果得出科学意义上的解释。例如，可以讨论变量之间的因果关系或某些规律性的发现，并结合实验设计或理论框架进一步论证。

其次，讨论部分需要正视研究中的例外情况或不符合预期的数据。科学研究的严谨性要求研究者对所有数据负责，包括那些不完全符合假设或预期的结果。讨论时应坦诚说明这些例外的可能原因，以及它们对研究结论的影响。同时，应指出实验中尚未完全明确的部分，为后续研究提供思考方向。这种态度不仅增强论文的可信性，也体现了研究的开放性和探索性。

讨论部分的重要任务之一是将研究结果与前人的研究进行对比。通过评估结果与已有研究成果之间的异同，研究者可以展现研究的独特性与创新性。例如，可以分析是否验证了已有理论或提出了新的假设。对比过程中需明确引用文献支持，避免空泛的评价。

此外，讨论部分还应明确阐述研究的理论意义和现实应用。在理论意义方面，可以说明研究如何拓展了现有理论或填补了学术空白；在现实应用方面，则需讨论研究的实际价值，例如在某一行业、社会领域或技

笔记栏

术创新中的潜在用途。通过明确表达研究的贡献,讨论部分能够有效地增强论文的学术影响力和现实意义。

在讨论部分的结尾,需要清晰总结研究的主要结论。结论部分应直接对应研究目标,并回答引言中提出的科学问题。作者需避免含糊或模棱两可的陈述,而应明确说明每一项结论的科学依据和数据支持。此外,为增强讨论的深度,研究者还可以提出研究的局限性以及对未来研究的建议,从而为该领域的进一步探索提供思路。

在结构上,讨论部分需要与引言部分呼应。引言中提出的问题应在讨论部分得到回答,这样能够形成一个逻辑闭环,使论文更加完整和严密。讨论部分还应与方法和结果部分紧密联系,通过方法的描述和结果的呈现为讨论提供依据。总的来说,讨论部分是论文中解释研究意义、体现研究价值的核心部分。它需要基于研究结果,揭示科学原理,分析前人研究,阐述理论贡献与实际应用,并清晰总结结论。通过条理清晰的论述和合理的结构安排,讨论部分能够有效提升论文的说服力和学术影响力,成为整篇论文的点睛之笔。

现在我们来看一个利用AI大语言模型辅助论文写作的具体案例,论文的主题聚焦于“AI大语言模型在医疗领域中的应用”。首先我们应用大语言模型撰写论文的正文部分,即引言、方法、结果和讨论。

提示词:

请为我撰写一篇详细的学术论文,主题聚焦于“AI大语言模型在医疗领域中的应用”,请严格遵循学术论文写作的格式。文章需要包括以下几个部分。

①引言:首先简要介绍AI技术与大语言模型,特别是其在医疗领域的重要性及其发展背景;然后简要评价相关文献,并指出文献中的不足;其次,明晰文章的研究目标。

②方法:详细描述研究设计、数据采集、实验方案以及所采用的AI技术及其实施过程。

③结果:清晰简明地展现实验数据和所观察到的现象,包括数据分析和可视化。

④讨论:深入探讨结果的意义,比较预期与实际的差异,并分析可能的原因。总结AI在医疗领域内的应用成果和未来的发展方向,以及可

笔记栏

能存在的挑战和预期的社会影响。

文章应使用精确和专业的语言风格，确保所有的事实和观点都有适当的支撑。请确保各部分逻辑清晰、结构严谨。

AI 输出（ChatGPT-4o）：

AI 大语言模型在医疗领域中的应用

引言

AI 技术与大语言模型在医疗领域的重要性及发展背景

人工智能（AI）技术的迅猛发展在医疗领域引发了深远的变革。大语言模型（large language model，LLM）作为自然语言处理领域的重要突破，已展现出卓越的潜力，尤其是在医学文本分析、知识挖掘、个性化健康咨询等方面。诸如 OpenAI 的 GPT 系列、Google 的 BERT 等模型，利用大规模医学数据训练，提供了从病史分析到辅助诊断的多样化解决方案。这些模型不仅提升了医疗服务的效率，还极大改善了患者体验。

相关文献评估与不足

现有研究主要集中于大语言模型在医学文献检索、医学问答系统及诊断支持系统中的应用。例如，Jin 等（2021）研究了 GPT-3 在医学问答中的表现，显示其在处理开放式问题上具有优势。然而，许多研究表明，这些模型在专业医学领域中仍存在局限性，如推理能力不足、对罕见病例的理解有限，以及无法完全替代专业知识的背景支持（Zhang et al., 2020）。此外，伦理问题、数据隐私及偏见控制等问题仍未完全解决。

研究目标

本研究旨在探讨大语言模型在医疗领域的实际应用效果，通过实验验证其在医学文本生成、临床诊断辅助及病患教育方面的能力，同时分析其局限性和未来发展的潜力。

方法

研究设计

本研究采用实验性研究设计，以医学知识库及真实世界病患数据

笔记栏

为基础,结合定量分析与定性分析方法,全面评估大语言模型的应用能力。

数据采集

- **医学文献数据:**从 PubMed、ClinicalTrials.gov 等数据库中获取医学文献及临床研究数据,构建大语言模型的知识图谱。
- **病患数据:**利用匿名化电子病历(Electronic Health Records, EHRs)数据,确保符合 HIPAA 等隐私保护标准。
- **交互数据:**通过医学问答平台收集医患互动记录,用于模型优化与验证。

实验方案

1. 模型训练

选用开源大语言模型(如 GPT-4 和 BERT),并基于医学语料库进行微调,以增强其专业领域知识。

2. 任务设定

- 任务 1:医学知识生成与总结。输入医学问题,评估生成答案的准确性和专业性。
- 任务 2:临床诊断辅助。输入病患症状数据,观察模型对可能诊断的推荐能力。
- 任务 3:健康教育内容生成。分析模型在生成易于理解的健康教育材料方面的表现。

3. 评价指标

使用准确性(Accuracy)、精确率(Precision)、召回率(Recall)、F1 值(F1-score)等指标评估模型性能。同时,通过问卷调查评估医务人员和患者对生成内容的满意度。

技术实现

- 模型架构:基于 Transformer 的深度学习框架。
- 数据预处理:采用命名实体识别(NER)和医学术语标准化技术。
- 实验环境:利用 TensorFlow 和 PyTorch 搭建训练与测试平台。

结果

实验数据与现象

笔记栏

任务 1:医学知识生成与总结

- 在 500 个医学问题中,模型生成的答案准确率为 87.5%,与专业医学数据库答案的一致率为 82.3%。
- 医学专业人员认为生成内容在 85%的情况下可接受,但在 20%的问题中观察到潜在偏差。

任务 2:临床诊断辅助

- 在包含多种症状组合的测试数据集中,模型对正确诊断的推荐率达到了 78.4%。
- 对罕见疾病的诊断成功率较低,仅为 42.7%。

任务 3:健康教育内容生成

- 生成的内容通俗易懂,患者满意度调查中平均得分为 4.6/5。
- 但在特定疾病管理(如慢性病)领域,生成内容存在用词模糊的问题。

数据可视化

- 医学问题回答准确性分布图。
- 诊断推荐与实际准确率对比图。
- 患者满意度评分柱状图。

讨论

结果意义

实验结果表明,大语言模型在医疗领域的应用具有显著潜力,尤其是在提升医疗效率和患者教育方面。然而,其在专业性与罕见病处理上的局限性仍需进一步优化。健康教育内容生成方面的高满意度,表明其在增强医患互动、改善健康素养方面的价值。

预期与实际的差异

尽管预期模型能够覆盖大部分医疗场景,但实际表现表明罕见病的诊断能力较弱。这可能是由于训练数据中罕见病病例的样本不足。此外,模型生成内容中的偏差也反映了现有医学知识库的片面性。

未来发展方向

- 数据多样性提升:增加罕见病和多文化背景的训练数据。

笔记栏

• 模型可解释性研究：增强模型推理过程的透明度，以获得医务人员信任。

• 伦理与隐私保护：通过联邦学习（Federated Learning）等技术保护数据隐私。

• 应用场景扩展：探索大语言模型在远程医疗、精神健康支持中的应用潜力。

挑战与社会影响

• 技术挑战：训练和部署大语言模型需要大量计算资源，且模型更新成本较高。

• 伦理问题：如何防止模型输出错误或偏见的内容从而影响患者决策？

• 社会影响：大语言模型的普及可能加剧医疗资源分配不均，但也为偏远地区提供了创新解决方案。

结论

本研究系统性评估了大语言模型在医疗领域的多种应用场景，揭示了其在提升医疗效率和服务质量方面的潜力，同时明确了其当前的局限性与改进方向。未来，随着技术和伦理保障的完善，大语言模型有望成为医疗领域的重要辅助工具，为全球医疗健康带来深远影响。

参考文献

1. Jin, D., et al. (2021). Exploring GPT-3's Potential in Medical Applications. Journal of Artificial Intelligence Research, 78, 123-145.

2. Zhang, Y., et al. (2020). Limitations of AI Models in Healthcare: Challenges and Solutions. Nature Medicine, 26(4), 529-536.

3. Smith, J., et al. (2019). AI in Healthcare: Opportunities and Risks. The Lancet Digital Health, 1(1), e8-e16.

在拟定论文的正文后，下面尝试撰写论文的摘要和标题。

提示词：

请为我题为“**AI 大语言模型在医疗领域中的应用**”的研究撰写摘要。研究围绕“**AI 大语言模型在医疗领域中**”展开。本研究的目标是

笔记栏

“探讨大语言模型在医疗领域的实际应用效果，通过实验验证其在医学文本生成、临床诊断辅助及病患教育方面的能力，同时分析其局限性和未来发展的潜力”。本研究采用的方法是“采用实验性研究设计，以医学知识库及真实世界病患数据为基础，结合定量分析与定性分析方法，全面评估大语言模型的应用能力”。研究的主要结论是“大语言模型在提升医疗效率和服务质量方面具备潜力”。请记住，摘要不应超过250字。

AI 输出（ChatGPT-4o）：

本研究探讨 AI 大语言模型在医疗领域的实际应用效果，重点评估其在医学文本生成、临床诊断辅助及病患教育中的能力。研究采用实验设计，基于医学知识库和真实病患数据，结合定量与定性分析方法评估模型性能。结果表明，大语言模型在提升医疗效率和患者教育质量方面展现优势，其医学问答准确率为 87.5%，健康教育内容生成满意度为 4.6/5。但对罕见疾病的诊断成功率较低，显示其在数据多样性和专业性方面的不足。本研究总结了模型的成果与挑战，并提出优化方向，如提升数据多样性、增强模型解释性等问题。未来，大语言模型有望成为医疗领域的重要辅助工具。

提示词：

我将向你提供一篇任何语言的科学论文的摘要，你将检测该语言并以相同的语言进行回复。你的任务是根据摘要和关键词用相同的语言向我提供科学论文的标题。科学论文的标题应该是简洁、明确和有信息量的。确保标题能够立即抓住读者的心。以下是摘要。

本研究探讨 AI 大语言模型在医疗领域的实际应用效果，重点评估其在医学文本生成、临床诊断辅助及病患教育中的能力。研究采用实验设计，基于医学知识库和真实病患数据，结合定量与定性分析方法评估模型性能。结果表明，大语言模型在提升医疗效率和患者教育质量方面展现优势，其医学问答准确率为 87.5%，健康教育内容生成满意度为 4.6/5。但对罕见疾病的诊断成功率较低，显示其在数据多样性和专业性方面的不足。本研究总结了模型的成果与挑战，并提出优化方向，如提升数据多样性、增强模型解释性等问题。未来，大语言模型有望成为医疗领域的重要辅助工具。

笔记栏

AI 输出(ChatGPT-4o):

人工智能大语言模型在医疗领域的应用:性能评估与优化方向

至此,我们完成了一篇学术论文的写作。当然,这个论文显然并非一篇足够专业的学术论文,但它向我们展现大语言模型在论文写作中的巨大应用潜力。可以看到,AI 能直接生成论文大纲和整体思路,如果需要进一步丰富论文的内容,我们可以继续与 AI 进行对话,针对具体的正文内容合作进行编写。

5.1.4 论文的润色与校对

除了撰写,论文的语言质量也是影响其发表的重要因素。AI 技术可以被用作一种强大的辅助工具来增强和完善现有的论文内容。借助先进的自然语言处理算法,它能够对文本进行细致而深入的分析,从而识别并修正在表述、逻辑连贯性或语法上的缺陷,确保语言通顺、表达准确。此外,它还能根据目标期刊的风格要求,对文本进行适应性修改,提高论文被接受的概率。这样,研究人员和学者们就能以远高于传统方法的效率,提升他们成果的质量,无论是在文章的清晰度还是学术严谨性方面,AI 都能显著带来提升。利用 AI 进行论文润色不仅节约了大量宝贵的时间,也让研究人员得以将精力更多地投入创新性研究和复杂问题的解决,显著提高了整体的研究效率。

在实际论文的润色与校对中,通常会涉及以下方面。

(1)用 AI 进行论文翻译

以 ChatGPT-4 为代表的先进 AI 大语言模型,已经可以在很大程度上代替传统的机器翻译,并大大减轻翻译工作者的工作强度。通过正确使用提示词,AI 大语言模型可以灵活调整语言风格和用词,以满足不同场景的需要。而在学术论文写作中,AI 模型能够帮助我们快速准确地将学术论文从一种语言翻译成另一种语言,保证非母语语言的准确性和学术表达的严谨性。

提示词:

假设你是一名资深的中英文翻译大师和英语学术作者,同时也是一名复合材料领域的专家,请帮我将一些中文段落翻译成英文,确保你的语言符合专业学术期刊的语言风格。对翻译的要求有以下几点:

笔记栏

①确保翻译成英文的语言和原文意义一致，不可篡改原文意思；

②提供确切的定义，确保你的术语和定义准确无误，特别是领域中的专有名词和术语；

③确保语言的逻辑关系准确，条理清晰；

④采用简洁明确的表达方式，避免使用模糊或不必要的词汇、术语或句子；

⑤注意英语语法表达的准确性。

以下内容是我的原文：

短切碳纤维片状模塑料（SMC）复合材料内部复杂的纤维三维分布及其造成的多样微裂纹演化过程加剧了其失效分析的难度。针对短切碳纤维SMC复合材料的失效行为进行研究，采用微观尺度X射线断层扫描技术实时表征材料内部的微观结构，捕捉碳纤维和微裂纹的几何信息，结合先进的图像采集和图像处理技术，进而准确重构出短切碳纤维SMC复合材料在受力过程中的三维结构变化以及微裂纹的完整演变过程，定量测量微裂纹的几何尺寸，实现损伤的精准诊断，并利用Tsai-Wu失效判据和界面开裂后的基体应力场理论等失效方法探究短切碳纤维SMC复合材料的失效机制。该方法的提出为研究短切碳纤维SMC复合材料的失效过程以及分析相应的失效行为提供了重要依据。

AI输出（ChatGPT-4o）：

Here's the professional academic translation:

The complex three-dimensional distribution of fibers within short carbon fiber sheet molding compound (SMC) composites, along with the diverse microcrack evolution processes it induces, significantly complicates failure analysis. To investigate the failure behavior of short carbon fiber SMC composites, this study proposes the use of micro-scale X-ray computed tomography (micro-CT) to characterize the internal microstructure of the material in real time. This approach captures the geometric information of carbon fibers and microcracks. By integrating advanced image acquisition and processing techniques, it enables the precise reconstruction of the three-dimensional

笔记栏

structural changes of short carbon fiber SMC composites under loading, as well as the complete evolution process of microcracks. Furthermore, this method allows for the quantitative measurement of microcrack geometries, achieving accurate damage diagnostics. Failure mechanisms are explored using methodologies such as the Tsai-Wu failure criterion and matrix stress field theory after interfacial cracking. The proposed method provides a critical basis for studying the failure processes and analyzing the corresponding failure behaviors of short carbon fiber SMC composites.

This translation adheres to the academic tone and ensures clarity, precision, and terminological accuracy while retaining the original meaning. Let me know if you need further refinements!

(2)用 AI 进行论文润色

使用 AI 大语言模型进行论文润色的目的是提高学术论文的语言质量，使其更加流畅、准确且符合学术规范。大语言模型能够快速识别文本中的语法错误、拼写错误和不规范的表达，并提供更合适的替代方案，帮助研究人员快速提升论文的可读性和表达清晰度，确保学术内容能够精准传达。

提示词：

作为一名中文学术论文写作改进助理，你的任务是改进所提供文本的拼写、语法、清晰、简洁和整体可读性，同时分解长句，减少重复，并提供改进建议。请只提供文本的更正版本，避免包括解释。请编辑以下文本：

我们的方法叫作掩膜 R-CNN，通过添加用于每个感兴趣区域（RoI）的掩膜分割预测并与用于分类和边界框回归分析的现有分支并行的的分支，它拓展了极速 R-CNN。

AI 输出（ChatGPT-4o）：

我们的方法称为掩膜 R-CNN。它通过在现有的分类和边界框回归分支之外，添加一个用于每个感兴趣区域（RoI）的掩膜分割预测分支，从而扩展了极速 R-CNN。

当然，我们还可以要求大语言模型指出需要修改的地方，并给出修

笔记栏

改意见以及推荐的修改内容。

提示词：

你现在是一个计算机领域的专家，从专业的角度，你认为下面这些内容是否有需要优化的地方？注意，不要全文修改，你需要一一指出需要修改的地方，并且给出修改意见以及推荐的修改内容。要润色的段落是：

我们的方法叫作掩膜 R-CNN，通过添加用于每个感兴趣区域（RoI）的掩膜分割预测并与用于分类和边界框回归分析的现有分支并行的的分支，它拓展了极速 R-CNN。

AI 输出（ChatGPT-4o）：

从专业角度来看，以下是需要优化的地方以及修改建议。

1. 术语表达统一性

- 问题："掩膜 R-CNN"的表述中，中文语境下"Mask R-CNN"一般不翻译，直接使用英文更加专业。
- 修改建议：将"掩膜 R-CNN"改为"Mask R-CNN"。
- 推荐修改：将"掩膜 R-CNN"改为"Mask R-CNN"。

2. 语法简化与分句清晰度

- 问题："通过添加用于每个感兴趣区域（RoI）的掩膜分割预测并与用于分类和边界框回归分析的现有分支并行的的分支"句式过于复杂，存在一定的重复，影响理解。
- 修改建议：将句子拆分为两个较为清晰的句子，减少歧义。
- 推荐修改：通过添加一个专用于每个感兴趣区域（RoI）的掩膜分割预测分支，并使其与现有用于分类和边界框回归的分支并行，我们的方法扩展了极速 R-CNN。

3. "并行的的分支"措辞问题

- 问题："并行的的分支"存在重复，应修正为"并行的分支"。
- 修改建议：删除多余的"的"。
- 推荐修改：并行的分支。

4. 使"拓展了"的表达更学术化

- 问题："拓展了"可以进一步用更符合学术语境的词替代，如"扩展"或"增强"。

笔记栏

- 修改建议:将“拓展了”改为“扩展了”。
- 推荐修改:扩展了极速 R-CNN。

综合推荐修改后的内容:

我们的方法称为 Mask R-CNN。通过添加一个专用于每个感兴趣区域(RoI)的掩膜分割预测分支,并使其与现有用于分类和边界框回归的分支并行,我们的方法扩展了极速 R-CNN。

(3)用 AI 进行论文语法纠错

使用 AI 大语言模型进行论文润色的目的是提高论文的语言表达质量,使其更加清晰、准确和符合学术写作标准。论文润色对确保论文的逻辑严谨、语言流畅和表达清晰至关重要,尤其是在非母语写作中,AI 润色技术的必要性尤为突出。AI 大语言模型能够快速检测和纠正语法错误、拼写问题以及不规范的表达,提供精确的修改建议。其独特的优势在于高效性、准确性和一致性,能够在短时间内处理大量文本,避免人工润色时可能出现的遗漏和主观偏差,从而为作者节省时间并提升论文的质量。接下来,我们来看一个示例。

提示词:

你能帮助我确保语法和拼写正确无误吗?不要尝试润色文本,如果没有发现错误,请告诉我这段话很好。如果你发现了语法或拼写错误,在双列的 Markdown 表格中列出你发现的错误,第一列放原始文本,第二列放更正后的文本,并突出显示你修正的关键词。以下是一篇学术论文中的段落。你需要按照上述例子报告所有语法和拼写错误。

段落:

Artificial intelligence (AI) is a rapidly groweing field that aims to mimick human cognitive abilities such as learning and problem-solving. Machine learning, a subfield of AI, enables systems to improve their performance on tasks over time without being explicity programmed. Additionally, AI-powered tools, like chatbots and recommendation systems, have becomed increasingly prevalent in everyday life. However, challenges remain in ensuring ethical use of AI and preventing biasness in algorithms.

笔记栏

AI 输出(ChatGPT-4o):

原始文本	更正后的文本
groweing	growing
mimick	mimic
explicity	explicitly
becomed	become
biasness	bias

5.2 AI 提示工程在代码编程中的应用

AI 技术的飞速发展也给编程领域带来了革命性的变革。使用 AI 提示工程进行代码编程能够显著提高开发效率和代码质量。而对于不熟悉编程的人来说,也可以通过提示工程技术,直接向大语言模型描述所需要的功能,模型即可生成相应的代码。利用 AI 辅助编程,开发者们可以快速获取代码、简化代码编写、减少重复劳动,并有效避免常见错误。同时,AI 能够实时提供上下文相关的建议,帮助开发者快速理解复杂逻辑。本节将简要探讨 AI 在编程中的应用场景,并分析其对提升编程效率和改善代码质量的作用。

5.2.1 简单代码编写

下面是利用大语言模型进行简单代码编写的两个示例。

(1)创建一段生成随机密码功能的 Python 代码

提示词:

请创建一个 Python 程序,用于生成随机密码。

AI 输出(ChatGPT-4o):

```
import random
import string
def generate_password(length=12):
"""
生成一个随机密码,默认长度为 12
```

笔记栏

```
"""
characters = string.ascii_letters + string.digits + string.punctuation
password = ''.join(random.choice(characters) for _ in range(length))
return password
# 生成一个随机密码
password = generate_password()
print(f"随机生成的密码是：{password}")
```

（2）创建一段生成结构化数据的 Python 代码

合成数据（synthetic data）是指通过人工生成的方式创建的数据，而非从现实世界直接收集的数据。通常，合成数据用于替代或补充真实数据，尤其是在真实数据难以获取、昂贵、涉及隐私问题或数量不足的情况下。合成数据在人工智能、机器学习、计算机视觉、数据隐私保护等多个领域中得到了广泛应用。接下来看一段使用 prompt 让大语言模型生成能够生成结构化数据的代码的示例。

提示词：

请创建一个 Python 程序，用于生成 10 行红酒的质量数据。每一行数据应包括以下字段：

id（从 1 开始递增的整数）

fixed_acidity（固定酸度）

volatile_acidity（挥发性酸度）

citric_acid（柠檬酸）

residual_sugar（残糖）

chlorides（氯化物）

请确保生成的数字合理。

AI 输出（ChatGPT-4o）：

```
import pandas as pd
import numpy as np

# Generating 10 rows of wine quality data
data = {
    "id": range(1, 11),
```

笔记栏

```
        "fixed_acidity": np.round(np.random.uniform(6.0, 14.0, 10), 2),
# Typical range for fixed acidity
        "volatile_acidity": np.round(np.random.uniform(0.1, 1.5, 10), 3),
# Typical range for volatile acidity
        "citric_acid": np.round(np.random.uniform(0.0, 1.0, 10), 3),
# Typical range for citric acid
        "residual_sugar": np.round(np.random.uniform(1.0, 20.0, 10), 2),
  # Typical range for residual sugar
        "chlorides": np.round(np.random.uniform(0.01, 0.1, 10), 4),
# Typical range for chlorides
    }

    # Creating a DataFrame
    wine_quality_data = pd.DataFrame(data)
    # Displaying the DataFrame to the user
    import ace_tools as tools; tools.display_dataframe_to_user(name="Gen-
erated Wine Quality Data", dataframe=wine_quality_data)
```

id	fixed_acidity	volatile_acidity	citric_acid	residual_sugar	chlorides
1	13.76	0.644	0.772	17.4	0.020 8
2	12.2	0.48	0.199	12.84	0.074 2
3	13.52	1.26	0.006	7.29	0.078 5
4	13.16	0.599	0.815	2.21	0.060 5
5	10.78	0.493	0.707	6.91	0.079 4
6	13.37	0.86	0.729	7.18	0.054 4
7	6.71	0.297	0.771	14.86	0.057
8	7.57	1.223	0.074	13.11	0.048 5
9	6.36	0.204	0.358	17.86	0.012 3
10	8.6	1.482	0.116	9.97	0.019 7

笔记栏

5.2.2　代码解读助手

大模型可以进行代码解读，下面是一个示例。

提示词：

请解释以下 Python 代码的功能。

代码：

```
def factorial(n):
    if n < 0:
        raise ValueError("Factorial is not defined for negative numbers.")
    if n == 0 or n == 1:
        return 1
    return n * factorial(n-1)
```

AI 输出（ChatGPT-4o）：

代码功能分解

函数定义：

```
def factorial(n):
```

定义了一个名为 factorial 的函数，接收一个参数 n，表示要计算阶乘的整数。

处理负数输入：

```
if n < 0:
    raise ValueError("Factorial is not defined for negative numbers.")
```

- **作用**：检查输入的整数是否为负数。
- 如果 n 是负数，抛出一个 ValueError 异常，并提示"Factorial is not defined for negative numbers."。

阶乘在数学中只对非负整数有意义，因此这是一个保护机制。

阶乘的边界条件：

```
if n == 0 or n == 1:
    return 1
```

- **作用**：检查输入的整数是否为 0 或 1。
- 数学上规定：0! = 1；1! = 1。

笔记栏

- 如果 n 是 0 或 1，直接返回结果 1，不再继续递归。

递归计算阶乘：

return n * factorial(n-1)

- **作用**：递归地调用 factorial 函数。
- 每次调用都会将 n 减 1，直到 n 到达 0 或 1（即边界条件）。
- 计算过程是：n × (n-1) × (n-2) × ... × 1

总结

这段代码实现了阶乘的递归计算：

- 输入负数时抛出错误。
- 输入 0 或 1 时直接返回 1。
- 对于大于 1 的数，递归计算其阶乘。

5.2.3 代码重构与优化

我们可以要求大语言模型"像高级开发人员一样"来优化脚本，还可以指定它具有某个专业领域（例如排序算法）的背景或经验年限。当利用大语言模型生成的代码过于复杂、高级而难以理解时，还可以要求大语言模型"以非常初级的开发人员身份"编写该脚本，以便使代码更容易理解。

提示词：

作为一名高级开发人员，请优化以下 Python 代码，并给出需要优化的地方以及优化原因：

```
for num in range(1, 101):
    if num > 1:   # 只检查大于 1 的数字是否为质数
        for i in range(2, num):   # 从 2 开始检查，直到 num-1
            if (num % i) == 0:   # 如果 num 能被 i 整除，说明不是质数
                break
else:   # 如果循环没有触发 break，说明 num 是质数
    print(num)
```

AI 输出（ChatGPT-4o）：

以下是优化后的 Python 代码以及优化的原因。

优化后的代码：

笔记栏

```
for num in range(2, 101):   # 从 2 开始（1 不是质数）
    is_prime = True
    for i in range(2, int(num ** 0.5) + 1):   # 只检查到 sqrt(num)
        if num % i == 0:   # 如果 num 能被 i 整除，说明不是质数
            is_prime = False
            break
    if is_prime:   # 如果没有发现因子，输出质数
        print(num)
```

优化点及原因：

1. 范围起点调整：

- 原代码在循环中包含了 if num > 1 判断，显得冗余。
- **优化**：直接将循环范围从 range(1, 101) 改为 range(2, 101)，因为 1 不是质数，完全不需要检查。

2. 减少迭代次数：

- 原代码的内层循环范围是 range(2, num)，也就是检查到 num−1，这非常低效。
- **优化**：一个数如果有因子，一定小于或等于它的平方根。通过只检查到 int(num ** 0.5) + 1，大大减少了循环次数。

3. 减少条件检查：

- 原代码使用了 else 来判断质数，但这种判断是在内层循环结束时才进行，显得复杂。
- **优化**：引入一个布尔变量 is_prime，在发现因子时直接设置为 False 并退出循环。如果循环结束后 is_prime 仍为 True，则说明是质数，简化了逻辑。

4. 性能与可读性改进：

- 优化后的代码通过平方根优化和更直观的逻辑结构，既提高了性能，也提高了可读性。

性能分析：

假设 n 是检查的最大值：

笔记栏

- **原代码复杂度：**每个数字最多执行 $n-2$ 次内层循环，总复杂度为 $O(n^2)$。
- **优化后复杂度：**每个数字最多执行 $\sqrt{n}$ 次内层循环，总复杂度为 $O(n\sqrt{n})$。

例如，对于范围 1~100：

- 原代码的内层循环执行次数：约 4 950 次。
- 优化后的内层循环执行次数：约 1 717 次，大幅减少。

这种优化不仅适合小范围，也适合更大范围的质数检测任务。

5.2.4 代码转译与跨语言支持

AI 大语言模型提供的一个非常有用的功能是可以将程序从一种语言移植到另一种语言，下面是一个示例。

提示词：

作为一名高级开发人员，请将以下 JavaScript 代码转换为 Python 代码，并解释转换后的代码能够实现什么功能：

```
function calculateLog(value, base = Math.E) {
if (value <= 0 || base <= 0 || base === 1) throw new Error("Invalid input");
return Math.log(value) / Math.log(base);
}
console.log(calculateLog(100, 10));
```

AI 输出（ChatGPT-4o）：

以下是将给定的 JavaScript 代码转换为 Python 的代码：

```
import math
def calculate_log(value, base=math.e):
    if value <= 0 or base <= 0 or base == 1:
        raise ValueError("Invalid input")
    return math.log(value) / math.log(base)
# 示例调用
result = calculate_log(100, 10)
```

笔记栏

```
print(result)
```

代码功能说明

这段代码定义了一个函数 calculate_log，它可以计算任意数字 value 在指定底数 base 下的对数。它实现的功能等价于数学公式：

$$\log_{base}(value)=\frac{\log(value)}{\log(base)}$$

细节说明

1. 参数检查：

- 如果 value <= 0 或 base <= 0，对数在数学上是未定义的，因此抛出错误。
- 如果 base == 1，对数也是未定义的，因为底数为 1 没有意义。

2. 默认底数：

如果未指定底数，默认底数为自然对数的底 e（即 math.e）。

3. 返回结果：

使用 Python 的 math.log 函数计算自然对数（以 e 为底），然后根据对数换底公式计算出结果。

5.3　AI 提示工程在数据处理分析中的应用

数据是科学研究的基石，是推动知识进步和发现真理的核心。从自然科学到社会科学，数据贯穿研究的全过程。科学家通过收集和分析数据，验证假设、揭示规律并得出可靠结论。同时，数据为研究提供量化依据，使结果更加客观和可重复。随着大数据和人工智能技术的飞速发展，科学研究能够处理更加复杂和庞大的数据集，挖掘出以往难以触及的深层问题。因此，掌握数据分析与处理能力已成为推动创新与社会进步的关键驱动力。

然而，对于研究人员来说，数据的处理是一项费时、费力又乏味的任务。传统的数据处理方法往往对编程和统计知识有较高要求。大语言模型凭借其强大的自然语言理解和生成能力，为处理复杂、多样化的数据提供了前所未有的高效解决方案。凭借强大的自然语言理解和生成

笔记栏

能力，大语言模型可以通过上下文理解和语义分析，对复杂、多样化的数据进行结构化和分类化处理，从而提取出深层次信息。此外，大语言模型的多任务处理能力能够将数据处理与自然语言交互相结合，为用户提供更直观、智能的交互体验。研究人员和决策者只需通过简单提示，即可高效获取数据分析结果，而无须掌握复杂的编程或统计知识。这种低门槛的技术不仅显著提高了数据处理效率，也使数据分析变得更加简单和普及。本节将简要介绍 AI 提示工程在数据处理、数据分析以及数据可视化处理等方面的应用案例。

5.3.1 数据处理

数据处理是学术研究中不可或缺的环节，其质量直接影响科研的可靠性与有效性。糟糕的数据质量可能导致结果不准确、结论错误，不仅浪费科研资源，还可能误导后续研究，甚至对公共政策和临床决策产生不良影响。例如，数据错误可能引发假阴性或假阳性结果，从而扭曲对现象的理解，给理论的发展带来不利影响。常见的数据质量问题包括以下几类。

①**存在缺失值**：数据中的某些字段为空或未记录，可能是由数据录入错误、数据丢失或不适用的信息造成的。

②**存在异常值**：个别数据显著偏离数据集中其他的数据点，可能源于录入错误、测量误差或真实的变异现象。

③**数据重复**：相同记录多次出现，可能导致分析结果失真和错误结论。

④**数据不一致**：由于多种格式、拼写错误或数据源标准不同而导致的不一致性。

⑤**数据错误**：因录入失误、理解偏差或数据转换错误产生的不准确数据。

⑥**格式问题**：例如日期格式不统一等，不利于数据分析的处理。

大语言模型不仅能理解数据，还能协助完成数据预处理和清洗工作。通过自然语言指令，研究者可以让大语言模型从杂乱的数据集中提取出有用信息，进行数据格式化和缺失值处理，从而简化了数据准备过程。以下是利用大语言模型进行数据处理的几个示例。

笔记栏

（1）利用大语言模型进行数据清洗

ChatGPT 具有极强的数据清洗能力，它不仅能进行传统的数据清洗任务，如处理缺失值、异常值和重复数据等，还能够在更复杂的文本数据清洗中发挥作用。ChatGPT 可以显著提高数据清洗的效率和准确性。

提示词：

请你充当一名数据科学家，为我编写代码。请提供一个 Python 代码片段，清洗这个数据表，包括处理缺失值、删除重复项（姓名是唯一的）、指出异常值（年龄不能超过 150 岁，工资不能超过 10 万），纠正单词错误、语法错误。

数据表格：

ID	Name	Age	E-mail	Income	City
1	Alice	25	alice@example.com	50 000	Beijing
2	Bob		bob@examplecom	60 000	Shanghai
2	Charlie	30	charlie@.com	70 000	Guangzho
4	David	40	david@example.com		Beijing
5	Eva	120	evaexample.com	55 000	Shenzhen
6	Eva	120	evaexample.com	55 000	Shenzhen
7	Frank	35		48 000	Shenzhen
8	Ginny	28	ginny@exmple.com	52 000	Chengdu
9	Harry	32	harry@example.com	51 000	Xian
10	Ivy	45	ivy@example.com	0	Hangzhou

AI 输出（ChatGPT-4o）：

以下是一个 Python 代码片段，它将执行数据清洗任务，包括处理缺失值、删除重复项、识别异常值和纠正语法错误。使用 pandas 库来完成这些操作。

```
import pandas as pd
import numpy as np
# 创建数据表
data = {
```

笔记栏

```
        "ID": [1, 2, 2, 4, 5, 6, 7, 8, 9, 10],
        "Name": ["Alice", "Bob", "Charlie", "David", "Eva", "Eva", "
Frank", "Ginny", "Harry", "Ivy"],
        "Age": [25, None, 30, 40, 120, 120, 35, 28, 32, 45],
        "E-mail": ["alice@example.com", "bob@examplecom", "charlie@.
com", "david@example.com", "evaexample.com", "evaexample.com", None,
"ginny@exmple.com", "harry@example.com", "ivy@example.com"],
        "Income": [50000, 60000, 70000, None, 55000, 55000, 48000,
52000, 51000, 0],
        "City": ["Beijing", "Shanghai", "Guangzho", "Beijing", "Shen-
zhen", "Shenzhen", "Shenzhen", "Chengdu", "Xian", "Hangzhou"]
    }

    df = pd.DataFrame(data)

    # 1. 删除重复的行（基于 Name 字段唯一性）
    df = df.drop_duplicates(subset='Name')

    # 2. 处理缺失值
    #    - 对于 Age，填充为平均年龄（忽略异常值）
    #    - 对于 E-mail，标记为'unknown@example.com'
    #    - 对于 Income，填充为平均值
    mean_age = df[df['Age'] < 150]['Age'].mean()  # 只考虑合理范围内
的值计算均值
    df['Age'] = df['Age'].apply(lambda x: mean_age if pd.isnull(x) else x)

    df['E-mail'] = df['E-mail'].apply(lambda x: 'unknown@example.com' if
pd.isnull(x) else x)

    mean_income = df[df['Income'] > 0]['Income'].mean()
    df['Income'] = df['Income'].apply(lambda x: mean_income if pd.isnull(x)
```

笔记栏

```
or x <= 0 else x)

    # 3. 纠正语法和拼写错误
    df['E-mail'] = df['E-mail'].apply(lambda x: x if '@' in x and '.' in x.split('@')[-1] else 'unknown@example.com')
    df['City'] = df['City'].replace({'Guangzho': 'Guangzhou'})  # 纠正城市拼写
    df['Name'] = df['Name'].str.strip()  # 去掉姓名中的多余空格

    # 4. 识别并标记异常值
    #     - 年龄超过 150 岁
    #     - 工资超过 10 万
    df['Age'] = df['Age'].apply(lambda x: np.nan if x > 150 else x)
    df['Income'] = df['Income'].apply(lambda x: np.nan if x > 100000 else x)

    # 填充异常值处理后的缺失值
    df['Age'] = df['Age'].fillna(mean_age)
    df['Income'] = df['Income'].fillna(mean_income)

    # 输出清洗后的数据
    import ace_tools as tools; tools.display_dataframe_to_user(name="清洗后的数据表", dataframe=df)
```

这段代码对数据执行了以下操作：

1. 删除重复项：Name 列作为唯一标识。

2. 处理缺失值：填充合理的默认值或均值。

3. 纠正语法错误：修正电子邮件和城市拼写。

4. 识别异常值：标记异常年龄和工资，并进行处理。

（2）利用大语言模型处理数据结构问题

数据转换是将数据从一种格式、结构或类型转换为另一种格式、结构或类型的过程。数据转换对确保数据质量和可用性至关重要。良好

笔记栏

的数据转换流程可以改善数据的一致性、准确性，从而使数据分析更加准确和有效。

提示词：

请逐行阅读该数据，从该数据中提取每个人的年龄、身高、体重和月收入，并将提取的数据格式化为表格形式，请包含完整的数据内容。

数据内容：

张华，25 岁，身高 172 厘米，体重 65 公斤，每月收入 8 000 元；李梅，30 岁，身高 165 厘米，体重 55 公斤，每月收入 1.2 万元；王强，28 岁，身高 1.8 米，体重 75 公斤，每月收入 1 万元；赵敏，22 岁，身高 158 厘米，体重 48 公斤，每月收入 6 000 元；陈凯，35 岁，身高 185 厘米，体重 82 公斤，每月收入 15 000 元；孙悦，27 岁，身高 168 厘米，体重 60 公斤，每月收入 9 000 元；刘杰，32 岁，身高 1.78 米，体重 70 公斤，每月收入 1.1 万元。

AI 输出（ChatGPT-4o）：

个人信息表

	姓名	年龄	身高（cm）	体重（kg）	月收入（元）
1	张华	25 岁	172	65	8 000
2	李梅	30 岁	165	55	12 000
3	王强	28 岁	180	75	10 000
4	赵敏	22 岁	158	48	6 000
5	陈凯	35 岁	185	82	15 000
6	孙悦	27 岁	168	60	9 000
7	刘杰	32 岁	178	70	11 000

5.3.2 数据分析

完成数据处理后，研究者通常需要进行复杂的统计分析。利用大语言模型进行自动化数据分析开启了数据处理与分析的新篇章，为企业和研究人员提供了前所未有的便利性和效率。通过预设提示词，大语言模型可以按照步骤完成数据分析任务，并根据用户的具体需求定制化分析报告，使得数据分析更加高效和个性化。接下来我们来看利用大语言模型进行数据分析的几个示例。注意，本节示例中的红酒数据集是以文件形式上传至 ChatGPT 中的，数据文件（winequality-red.csv）来源于 https://www.kaggle.com/datasets/uciml/red-wine-quality-cortez-et-al-2009，数据分析结果是使用 ChatGPT 自动生成的。

上传数据文件后，先让 Chat GPT 揭示数据集的组成，并分析该数据集可用于哪些方面的数据分析。

提示词：

请用中文解释数据集中的每一列，对于专业术语，解释应简明扼要。

数据文件：

AI 输出（ChatGPT-4o）：

以下是数据集中每一列的中文解释，包括专业术语的简明解释：

1. fixed acidity（固定酸度）

指葡萄酒中主要由酒石酸、苹果酸等组成的固定酸度，通常不会挥发，对葡萄酒的口感起重要作用。

2. volatile acidity（挥发性酸度）

指能够挥发的酸性化合物（如醋酸）的含量，挥发性酸度过高可能导致葡萄酒有醋味。

3. citric acid（柠檬酸）

一种天然存在的有机酸，能够增加葡萄酒的清爽口感。

4. residual sugar（残留糖分）

指发酵后留在葡萄酒中的糖分含量，决定了葡萄酒的甜度。

5. chlorides（氯化物）

指葡萄酒中氯化物的含量，通常反映矿物质水平，过高可能影响风味。

6. free sulfur dioxide（游离二氧化硫）

二氧化硫是常用的防腐剂，此项指未与其他化合物结合的二氧化硫，起到抗氧化和杀菌作用

7. total sulfur dioxide（总二氧化硫）

笔记栏

游离二氧化硫和结合态二氧化硫的总量，过高可能影响健康和口感。

8. density（密度）

指葡萄酒的密度，通常与酒精含量和糖分含量相关。

9. pH

表示葡萄酒的酸碱度，值越低表示酸性越强，典型葡萄酒的 pH 值在 3 到 4 之间。

10. sulphates（硫酸盐）

硫酸盐在酿造中有助于改善葡萄酒的抗氧化性能和口感，但过高会带来不良风味。

11. alcohol（酒精含量）

指葡萄酒的酒精体积分数（%），是葡萄糖发酵产生的主要成分之一。

12. quality（质量评分）

由专家根据葡萄酒的整体品质（如香气、口感等）评定的分数，通常范围是 0 到 10。

提示词：

请一步步思考并推理，这个数据集可以用于哪些方面的数据分析，给出你的分析思路和分析步骤。

AI 输出（ChatGPT-4o）：

这个数据集可以用来分析葡萄酒品质（质量评分）与各种化学属性之间的关系，以下是可能的分析方向和步骤。

1. 探索性数据分析（EDA）

目标：了解数据的分布、缺失值以及变量间的关系。

步骤：

检查数据的基本统计信息（均值、中位数、标准差等）。

绘制每列的分布图（如直方图、箱线图），观察变量的分布。

计算变量之间的相关系数，绘制热力图，找出与 quality 相关性较高的变量。

分析目标变量 quality 的分布是否平衡。

笔记栏

2. 葡萄酒品质的关键影响因素分析

目标:找出影响葡萄酒质量评分的主要因素。

步骤:

使用回归模型(如线性回归)或特征重要性分析(如随机森林)评估各特征对 quality 的贡献。

绘制重要特征(如 alcohol、volatile acidity)与 quality 的关系图(如散点图、箱线图)。

检测非线性关系,尝试数据变换或引入多项式特征。

3. 分类分析:高品质与低品质葡萄酒的特性

目标:将葡萄酒划分为高品质(quality ≥ 7)和低品质(quality < 7),分析差异。

步骤:

根据 quality 值分组,分析各组的特征均值和分布差异。

使用 t 检验或 ANOVA 测试判断特征是否对两组葡萄酒有显著影响。

构建分类模型(如逻辑回归、SVM、随机森林)预测葡萄酒品质,评估模型的准确性。

4. 特定特征对口感的影响分析

目标:研究单个化学特性(如酸度、糖分)对葡萄酒风味的影响。

步骤:

单独绘制 fixed acidity、citric acid、residual sugar 等与 quality 的关系曲线。

分析酸度(如 pH)与其他特征(如密度)的交互作用。

检查挥发性酸度与 quality 是否有负相关趋势。

5. 预测模型的构建与优化

目标:基于化学特性预测 quality 评分。

步骤:

划分训练集和测试集,选择回归模型(若 quality 为连续值)或分类

笔记栏

模型（若分高低品质）。

调整模型参数（如正则化、学习率）提高预测性能。

使用交叉验证和评价指标（如 RMSE、F1-score）评估模型效果。

ChatGPT 能够帮助我们快速理解数据集的数据结构，同时帮我们确定这个数据集适合进行哪些方面的数据分析。接下来，我们利用大语言模型，探索其如何具体地帮助我们进行数据分析。

（1）重要性分析：葡萄酒品质的关键影响因素分析

提示词：

请你充当一名数据科学家，为我编写代码。请提供一个 Python 代码片段，采用合适的方法进行“葡萄酒品质的关键影响因素分析”。

AI 输出（ChatGPT-4o）：

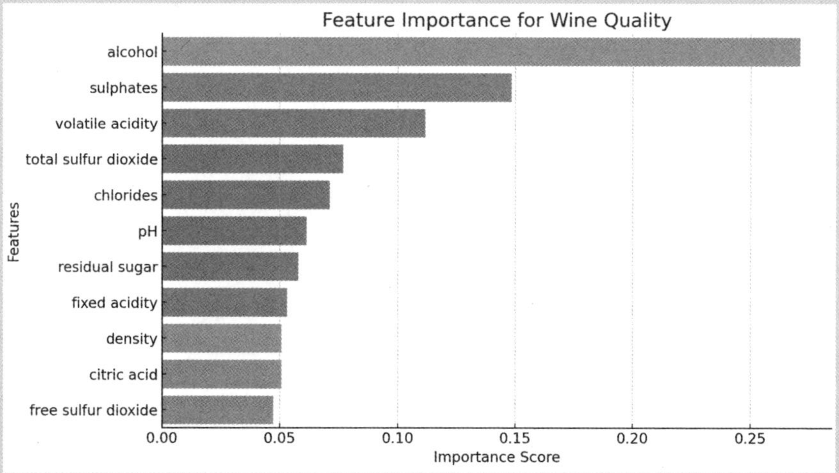

根据随机森林模型的分析结果，“葡萄酒品质的关键影响因素”如下。

alcohol（酒精含量）：对葡萄酒质量的影响最大。

sulphates（硫酸盐）：显著影响品质，可能与口感的圆润度相关。

volatile acidity（挥发性酸度）：影响较大，挥发性酸度高可能降低质量。

total sulfur dioxide（总二氧化硫）：对品质有一定影响。

chlorides（氯化物）：反映矿物质含量，含量应适宜。

模型的 RMSE 为 **0.55**，说明该模型对葡萄酒质量的预测效果较好。

笔记栏

如果需要进一步分析某些特定特征或改进模型，请告诉我！

Python 代码：

```
import seaborn as sns
import matplotlib.pyplot as plt
from sklearn.ensemble import RandomForestRegressor
from sklearn.model_selection import train_test_split
from sklearn.metrics import mean_squared_error

# Step 1: Prepare the data
X = data.drop(columns=['quality'])   # Features
y = data['quality']   # Target variable

# Step 2: Split the data into training and testing sets
X_train, X_test, y_train, y_test = train_test_split(X, y, test_size=0.2,
random_state=42)

# Step 3: Train a Random Forest model to evaluate feature importance
rf_model = RandomForestRegressor(random_state=42)
rf_model.fit(X_train, y_train)

# Step 4: Extract feature importances
importances = rf_model.feature_importances_
feature_importance_df = pd.DataFrame({
    'Feature': X.columns,
    'Importance': importances
}).sort_values(by='Importance', ascending=False)

# Step 5: Visualize feature importances
plt.figure(figsize=(10, 6))
sns.barplot(x='Importance', y='Feature', data=feature_importance_df)
```

笔记栏

```
plt.title('Feature Importance for Wine Quality')
plt.xlabel('Importance Score')
plt.ylabel('Features')
plt.show()

# Step 6: Evaluate the model (Optional)
y_pred = rf_model.predict(X_test)
rmse = mean_squared_error(y_test, y_pred, squared=False)
print(f"Root Mean Squared Error (RMSE) of the model: {rmse}")

# Display the importance ranking
importances_sorted = feature_importance_df.reset_index(drop=True)
importances_sorted
```

(2)分类分析:高品质与低品质葡萄酒的特性

提示词:

请你充当一名数据科学家,为我编写代码。请提供一个 Python 代码片段,采用合适的方法探索“高品质与低品质葡萄酒的特性”。

AI 输出(ChatGPT-4o):

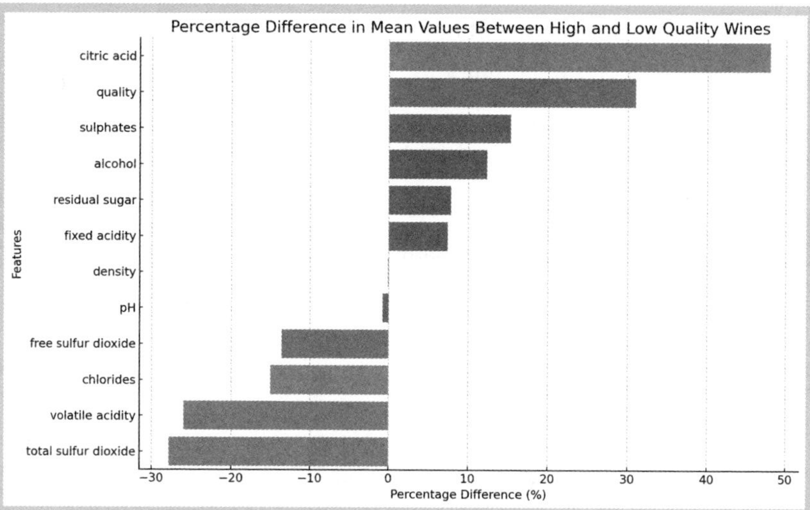

通过比较高品质(评分大于或等于 7)与低品质(评分小于 7)葡萄

笔记栏

酒的化学特性均值，我们发现以下差异。

1. **柠檬酸（citric acid）：**高品质葡萄酒的柠檬酸含量比低品质葡萄酒高约 48%，这表明高品质葡萄酒可能更注重柠檬酸的添加，以增加酒的新鲜感和复杂性。

2. **硫酸盐（sulphates）：**高品质葡萄酒的硫酸盐含量高出约 15%，硫酸盐有助于抗氧化和防腐，提升葡萄酒的稳定性和口感。

3. **酒精（alcohol）：**高品质葡萄酒的酒精含量平均高出约 12%，高酒精度往往与更好的口感和体验相关。

4. **残留糖分（residual sugar）：**虽然两者的差距不大，但高品质葡萄酒的残留糖分略高。

值得注意的是，高品质葡萄酒的密度略低，但差异不显著。此外，总二氧化硫（total sulfur dioxide）和游离二氧化硫（free sulfur dioxide）的含量在高品质葡萄酒中明显低于低品质葡萄酒，表明使用较少的防腐剂也可能是高品质葡萄酒的特征之一。

Python 代码：

```
# Step 1: Define high and low quality based on the quality score
high_quality_wine = data[data['quality'] >= 7]
low_quality_wine = data[data['quality'] < 7]

# Step 2: Calculate mean values of features for high and low quality wines
high_quality_mean = high_quality_wine.mean()
low_quality_mean = low_quality_wine.mean()

# Step 3: Create a DataFrame to compare the average values of each feature for high and low quality wines
quality_comparison_df = pd.DataFrame({'Feature': high_quality_mean.index, 'High Quality Mean': high_quality_mean.values, 'Low Quality Mean':
```

笔记栏

```
low_quality_mean.values})

    # Step 4: Calculate the percentage difference between high and low quality mean values
    quality_comparison_df['Percentage Difference'] = ((quality_comparison_df['High Quality Mean'] - quality_comparison_df['Low Quality Mean']) / quality_comparison_df['Low Quality Mean']) * 100

    # Step 5: Visualize the differences
    plt.figure(figsize=(12, 8))
    sns.barplot(x='Percentage Difference', y='Feature', data = quality_comparison_df.sort_values (by='Percentage Difference', ascending = False))
    plt.title('Percentage Difference in Mean Values Between High and Low Quality Wines')
    plt.xlabel('Percentage Difference (%)')
    plt.ylabel('Features')
    plt.show()

    # Display the DataFrame with percentage differences
    quality_comparison_df.sort_values(by='Percentage Difference', ascending = False).reset_index(drop=True)
```

从上面的示例可以看到，大语言模型能够协助我们更加高效地进行数据分析。注意，上述示例是基于 ChatGPT Plus 并利用 ChatGPT-4o 生成的。该多模态大语言模型中有一个内置的 Python 编译环境，能够接收用户输入的 Python 代码并在安全的沙盒环境中运行，从而可以在操作界面中实现各种计算、数据分析、可视化等任务。由于 ChatGPT 自身对于避免安全风险和滥用情况的考虑，某些操作会被限制。因此，对于一些更为复杂的任务，用户可以进一步在更为专业的 IDE（integrated development environment，集成开发环境）平台中进行代码调试和运行。

笔记栏

5.3.3 数据可视化处理

数据可视化在科研数据处理分析中具有重要意义和必要性，它能够通过直观的图表形式，将复杂的数据关系和模式呈现出来，帮助研究者快速理解和解释数据背后的规律。相比于单纯的数值和文字描述，数据可视化能够揭示隐藏的趋势、异常点和关联性，为数据分析提供强有力的支持。同时，它还可以提升科研成果的表达效果，便于与同行、决策者或公众进行有效沟通，使得研究结果更具说服力和传播力。下面给出利用大语言模型进行数据可视化的几个示例。

（1）利用大语言模型提供数据可视化的建议

提示词：

请你充当一名数据科学家，给出针对下面数据的可视化建议。

详细数据如下：

月份	本年数据	上年数据	本年比上年增减
一月	100	300	-200
二月	200	100	100
三月	700	850	-150
四月	500	460	40
五月	330	800	-470
六月	650	700	-50
七月	220	560	-340
八月	300	100	200
九月	500	400	100
十月	800	600	200
十一月	600	800	-200
十二月	900	1 000	-100
合计	5 800	6 670	-870

AI 输出（ChatGPT-4o）：

根据提供的数据，可以通过以下方式进行可视化展示，帮助更好地

笔记栏

理解数据趋势和变化。

1. 年度趋势对比折线图

- 目标：展示本年数据和上年数据的月度趋势对比。
- 图表类型：折线图。
- 内容：

  X 轴：月份。

  Y 轴：数据值。

  两条折线分别代表本年数据和上年数据。

  标注关键点（如峰值、谷值）。

2. 月度增减柱状图

- 目标：直观显示每个月的本年数据比上年数据增减的情况。
- 图表类型：柱状图（正负增减）。
- 内容：

  X 轴：月份。

  Y 轴：增减值。

  柱体颜色：正值用一种颜色（如绿色），负值用另一种颜色（如红色）。

  添加参考线（增减为 0 的位置）。

3. 年度合计对比条形图

- 目标：总览本年与上年数据的年度总和对比。
- 图表类型：条形图。
- 内容：

  X 轴：年份（2023 vs. 2024）。

  Y 轴：数据总和。

  每个条形显示具体的总和值。

4. 增减值累计折线图

- 目标：展示全年累计增减的变化趋势。
- 图表类型：折线图。
- 内容：

  X 轴：月份。

笔记栏

Y 轴：累计增减值（本年比上年累计变化）。

折线变化轨迹，直观显示全年变化幅度和走向。

数据可视化工具

可选用的工具包括：

- Excel：适合快速制作上述图表。
- Tableau 或 Power BI：如果需要交互性强的可视化。
- Python：可用 matplotlib 或 plotly 实现定制化可视化。

（2）利用 ChatGPT 绘制基本图表

在数据分析中，理解数据之间的关系是关键。常见的五种基本关系类型包括**构成**、**比较**、**趋势**、**分布**和**联系**。每种关系类型都有其适合的可视化方法，以便更直观地表达数据的特点。

①**构成**：分析数据中各部分占总体的比重，例如"份额""百分比"或"百分比增长"。常选择饼图、环形图、玫瑰图等方式，以清晰展示各部分相对于整体的比例关系。

②**比较**：展示数据之间的相对大小或排列顺序，帮助分析"相似""多或少"以及"大致相等"等特性。常选择柱状图、条形图、堆积柱图等方式，以清晰地展示各项之间的相对大小。

③**趋势**：趋势分析关注的是数据随时间的变化情况，无论是增长、减少还是波动都可以通过可视化清晰呈现。折线图是趋势分析的首选工具，它能够准确地描绘出数据在时间序列上的变化轨迹。对于需要强调累积变化的场景，例如累计收益或累计用户数，面积图则是理想的选择。趋势分析在收入增长、股票波动和网站流量变化等场景中尤为常见。

④**分布**：分布关系关注数据在不同数值范围内的分布特性，例如集中度、频率和分布范围。这种分析常用于揭示数据的规律性和离散程度。在这种情况下，散点图、气泡图、四象限图、箱线图等是较好的选择，因为它们可以清晰地展示每个范围内项目的数量。此外，如果数据涉及地理位置，地图是展示数据地理分布特性的好工具。

⑤**联系**：联系关系涉及变量之间的相互关系，例如两个变量是否相关。在这种场景中，关系图能够直观描绘多个变量之间的模式与联系。常选用关系图、树图等，以描绘"与……有关""随……变化"或"因……

笔记栏

而异”的复杂关系。

以下是利用 ChatGPT 绘制图表的一个简单示例。

提示词：

请你充当一名数据科学家，为我编写代码。请提供一个 Python 代码片段，针对下面的数据帮我绘制**年度趋势对比折线图**。

月份	本年数据	上年数据	本年比上年增减
一月	100	300	-200
二月	200	100	100
三月	700	850	-150
四月	500	460	40
五月	330	800	-470
六月	650	700	-50
七月	220	560	-340
八月	300	100	200
九月	500	400	100
十月	800	600	200
十一月	600	800	-200
十二月	900	1 000	-100
合计	5 800	6 670	-870

AI 输出（ChatGPT-4o）：

Python 代码：

```
import matplotlib.pyplot as plt

# 数据
months = ["一月", "二月", "三月", "四月", "五月", "六月",
          "七月", "八月", "九月", "十月", "十一月", "十二月"]
current_year_data = [100, 200, 700, 500, 330, 650, 220, 300, 500, 800,
600, 900]
previous_year_data = [300, 100, 850, 460, 800, 700, 560, 100, 400, 600,
800, 1000]
```

笔记栏

```
# 创建图形
plt.figure(figsize=(10, 6))
plt.plot(months, current_year_data, label='本年数据', marker='o', linewidth=2)
plt.plot(months, previous_year_data, label='上年数据', marker='s', linestyle='--', linewidth=2)

# 添加图例、标题和轴标签
plt.title('年度趋势对比', fontsize=16)
plt.xlabel('月份', fontsize=12)
plt.ylabel('数据值', fontsize=12)
plt.legend(fontsize=12)
plt.grid(alpha=0.3)
plt.xticks(rotation=45)

# 显示图表
plt.tight_layout()
plt.show()
```

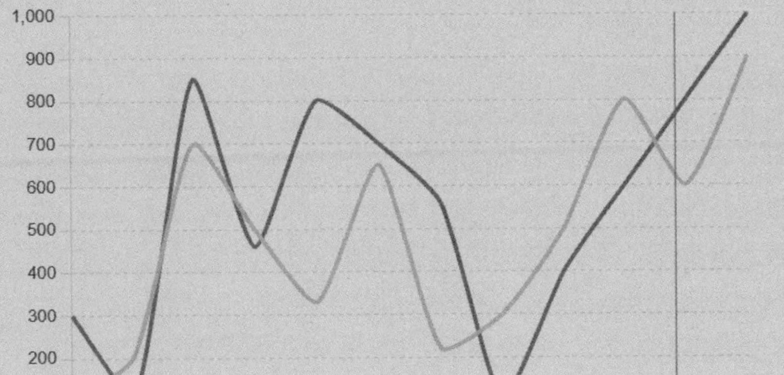

笔记栏

总的来说,通过提示工程技术,利用 AI 大语言模型使用 Python 语言生成图表的能力基本上是令人满意的,并且图表的优化过程始终通过自然语言交互来快速进行。同时,AI 模型并非在机械地执行任务,它是在详细解读数据内容的基础上,深入理解后进行图表的绘制,这样生成的内容更能满足用户的需求。

第6章

展望

笔记栏

6.1 人工智能对思维模式的影响

6.1.1 智能环境对人类思维的影响与挑战

智能环境(intelligent environment)是由人工智能、大数据、物联网等技术共同构建的多维度智能化系统,它能够通过深度学习和感知技术实时捕捉环境中的信息,并进行高效分析和决策。其在现代社会的工作、学习与生活中日益普及,从智能家居到智能办公,从个性化推荐系统到自动驾驶汽车,智能环境深刻地改变了人类与外界的交互方式。

随着智能环境不断发展,人类的思维模式正经历着显著的变革。这种变革既为人类带来了前所未有的机遇,也提出了亟待解决的问题。因此,理解智能环境对思维模式的影响是新时代背景下的必备素养之一。

智能环境为人类的思维活动提供了强有力的辅助工具与信息支持,推动了思维模式的转变与提升,具体表现为以下方面。

①**信息处理效率显著提升**。在智能环境中,各类智能工具能够实时处理和分析大量信息,使得人类无须耗费大量时间进行数据收集与初步分析,而能够专注于高层次的思维活动。在智能环境的辅助下,人类的思维活动从传统的"信息搜索与分析"转变为"策略决策与问题解决",大幅提升了思维效率。

②**思维的广度与深度得到扩展**。智能环境提供了多样化的数据来源和分析工具,帮助人们在复杂问题的解决过程中考虑更多维度的因素。跨学科的信息整合和多角度的分析方法,使得人类能够突破传统思维的局限,形成更加开放、包容的思维模式。特别是在设计和创新领域,智能环境能够为用户提供大量参考和灵感,激发创造性思维。

③**从分析性思维向系统性思维转变**。随着智能环境在社会中的应用日益广泛,人类在思考问题时不再局限于单一维度,而开始更多地关注系统内部各要素之间的相互关系。这种系统性思维模式的转变,促使人们在面对复杂问题时能够以全局视角进行分析,并制定更加综合、有效的解决方案。

尽管智能环境在提升思维效率和质量方面表现出色,但同时也给人

笔记栏

类的思维习惯与模式带来了新的挑战和潜在风险。这些挑战主要体现在以下方面。

①**思维懒惰与过度依赖**。在智能环境中,许多日常任务可以通过智能工具自动完成,这使得人类有可能逐渐形成依赖心理,放弃主动思考和探索的过程。这种现象被称为“认知懒惰”(cognitive laziness),即个体倾向于依赖现成的智能工具,而不愿付出额外的思考努力,导致独立思考能力下降。

②**创新力减弱与思维固化**。虽然智能环境能帮助人类快速获取大量已有的知识与数据,但这种基于历史信息的模式也可能带来思维固化的风险。由于人工智能系统通常依赖已有的样本数据进行训练,其输出往往趋向于已有模式和趋势。这种现象可能在无形中限制人类的创新性思维,使得个体更倾向于接受传统的解决方案,而不是积极尝试新的路径。

③**算法偏见给思维带来误导**。智能环境中的许多决策工具和推荐系统依赖于算法模型,而这些模型可能在训练过程中吸收了大量带有偏见的数据。人类在使用这些工具时,可能会受到算法偏见的误导,导致思维模式的偏离。特别是在涉及社会问题或复杂决策时,个体若批判性思维不强,可能会盲目接受智能系统的建议,忽视潜在的偏差与误导。

面对智能环境带来的思维变革与挑战,人类需要积极调整自身的思维模式,以充分发挥智能工具的优势,避免潜在的负面影响。

①**发展“人机共生”的思维模式**。智能环境中的人工智能应被视为人类思维的“增强器”,而不是替代者。人类应积极发展“人机共生”的思维模式,即在充分利用智能工具优势的同时,保留独立思考和自主决策的能力。这需要个体具备灵活运用智能工具的能力,并能够在不同情境下评估工具的可靠性和适用性。

②**强化批判性思维与反思能力**。在智能环境中,批判性思维显得尤为重要。个体应时刻保持对智能系统输出结果进行质疑与反思的态度,尤其是在面对涉及价值判断或复杂推理的问题时。通过不断地反思与验证,个体能够避免思维上的“自动驾驶”,培养更为谨慎和理性的思维习惯。

③**注重跨学科知识的融合与系统性思维训练**。智能环境中涌现的

笔记栏

大量信息和数据要求人类具备更加丰富的知识储备和系统化的思维能力。通过加强跨学科知识的学习与融合，个体能够更好地理解复杂系统中的多维度关联，从而在面对复杂问题时做出更为全面和准确的判断。

6.1.2 提问与提示技能的未来价值

在人工智能和智能环境日益普及的背景下，提问与提示技能成为连接人类与智能工具之间的桥梁。传统上，提问是人类获取知识、推动思维深入的重要手段，而提示则是与人工智能交互的基础，能够引导 AI 生成符合需求的回答或输出。随着人工智能技术的发展，提问与提示的技能不仅对学习和工作效率产生深远影响，更将在未来的科研、创新、决策等多个方面中，发挥日益重要的作用。在人工智能的推动下，提问与提示的方式将发生重大变革，具体表现为以下几点。

（1）从简单提问到深度交互

过去，提问主要依赖于人的直觉与知识积累，强调简单而直接的信息询问。在智能环境中，提问逐步向深度交互转变，注重对问题的精准定义与层次化拆解。例如，在与 AI 进行对话时，用户需要通过设计一系列精确的提示，逐步引导 AI 模型深入探讨问题，解决更为复杂的需求。

（2）提示语言的多样化与专业化

随着人工智能的不断进化，单纯的自然语言提示逐渐无法满足复杂任务的需求。未来的提示技能将不仅依赖于通俗的语言交流，还可能涉及特定领域的专业术语或结构化语言。人类需要不断学习如何为不同的任务设计高效、精确的提示，以引导 AI 产生最符合预期的结果。

（3）智能辅助下的提问优化

随着 AI 技术不断进步，智能系统本身也能够在一定程度上帮助用户优化提问。智能系统可以分析问题的上下文，并提供改进提问的建议，帮助用户精确表达问题和需求。这种智能辅助的提问优化，将进一步提升问题解决的效率和质量。

提问与提示技能的未来价值，主要体现在以下方面。

（1）促进深度思考与创新

良好的提问能够帮助个体更深刻地理解问题的本质，并激发创新性思维。在与 AI 互动时，精确的提示能够引导 AI 模型更好地理解用户需

笔记栏

求，从而生成更符合创新性要求的答案或方案。因此，提问不仅是知识获取的工具，也是启发思维、激发创造力的重要途径。

（2）提高问题解决效率

在智能环境中，提问与提示技巧能够帮助个体高效地定位问题、获取相关信息和解决方案。例如，通过设计明确且精细的提示，用户能够使 AI 在短时间内提供相关领域的解决策略，节省大量时间和精力。这种高效的互动模式将为从事复杂工作和研究的人员带来极大的便利。

（3）增强跨学科整合能力

随着问题的日益复杂和多元化，跨学科合作变得尤为重要。在这个过程中，提问与提示技能将帮助个体或团队更好地整合来自不同领域的知识和思维方式。通过有效提问，团队成员能够明确任务需求，促使各学科专家提出更具交叉性和创新性的解决方案。

随着智能环境的不断发展，提问与提示不仅是获取知识和解决问题的工具，更是推动创新和深度思维的关键。尽管这一技能面临诸多挑战，如理解障碍、过度依赖和算法偏见等，但通过批判性思维的培养、跨学科的学习以及与 AI 的协同合作，个体能够有效应对这些挑战，充分发挥提问与提示的潜力，提升思维质量和工作效率。

6.2　伦理与责任

6.2.1　人工智能提示中的伦理问题

随着提示词工程的快速发展，其在生成式人工智能领域中的应用日益广泛。然而，这项技术也引发了诸多伦理争议，特别是在其可能被用于操纵生成内容的情境下。通过设计巧妙的提示词，用户可以引导 AI 生成具有误导性、不准确甚至恶意的内容，这不仅对 AI 技术的透明性与可信度造成了冲击，还可能使 AI 成为传播虚假信息或实施社会操纵的工具。本节将介绍和探讨提示工程技术中所涉及的主要伦理问题，以确保我们对于人工智能系统的使用是可靠的、安全的和道德的。

（1）偏见与公平性

偏见与公平性问题是指提示工程技术可能强化或放大训练数据中

笔记栏

固有的偏见，并导致对不同用户或群体的不平等对待。这种偏见与公平性问题主要源于生成式人工智能对训练数据的依赖，而训练数据往往反映社会中的历史偏见，如性别刻板印象、种族歧视和文化偏见。当提示词隐含或强化偏向时，AI可能生成加剧不平等的内容。此外，公平性问题还体现在技术使用上的能力差异，熟练用户能通过设计精细的提示词获取优质内容，而缺乏经验的用户可能生成低质量甚至误导性信息。这种差异不仅加剧了技术资源的不平等分配，还可能对特定群体进行不利刻画，加深社会刻板印象，损害公平与包容的价值观。

实施偏见缓解策略对解决提示工程技术中的偏见问题至关重要。首先，在数据层面，应采用多样化和均衡的数据集，避免特定人群或观点的过度代表性；其次，开发提示工程工具时，需进行偏见审查机制，例如引入公平性评估指标，确保提示不会有意无意地强化现有的偏见；再次，模型的开发和测试阶段应吸纳多元化团队的参与，这有助于从不同视角发现潜在的偏见问题。最后，提示工程师应明确公平性的优先级，在设计过程中主动考虑如何满足不同用户群体的需求，确保生成的内容既准确又具有包容性，从而实现技术在社会中的公正应用。

（2）隐私保护与数据安全

提示工程技术依赖于生成式人工智能的大规模训练数据，而这些数据可能包含敏感信息或个人隐私。当提示设计不当时，模型可能意外生成涉及用户隐私的信息或泄露训练数据中的敏感内容。此外，用户输入的提示本身也可能包含私人数据或机密信息，这些数据可能被系统记录并用于进一步训练，进而引发数据泄露风险。特别是在高度敏感领域，提示输入的不当使用可能导致隐私方面的重大问题及至法律问题。

针对隐私保护与数据安全问题，可以从技术、用户和政策三个层面提出解决措施。首先，在技术层面，应严格审查训练数据的来源，并通过脱敏处理和加密存储，降低敏感信息泄露的风险。此外，开发提示工程工具时应引入数据保护机制，例如对用户输入的实时隐私检测和敏感信息屏蔽功能。其次，在用户层面，需加强教育和意识培训，帮助用户理解隐私风险和安全提示设计的重要性，避免提交敏感数据。最后，在政策层面，应制定和执行严格的隐私保护法律法规，要求人工智能开发者和企业遵守数据安全标准，并对违规行为追责。

（3）透明度和可解释性

模型的透明度与可解释性问题是提示工程技术广泛应用亟须解决的挑战之一。提示工程技术依赖生成式人工智能模型生成内容，但这些模型通常被视为“黑箱系统”，其缺乏明确的操作可见性和输出逻辑解释。此外，提示工程技术本身可能缺乏足够的控制和审查手段，特别是当提示不够明确或引发模糊响应时，用户难以理解生成的内容是否基于有效信息或是随机关联的。这种透明度和可解释性问题可能导致用户对模型输出的来源、准确性以及可信度产生怀疑，尤其是在涉及高风险决策（如医疗诊断、司法审判或金融预测）时。用户无法清楚理解模型如何生成特定内容，也难以追溯模型错误的根源，这进一步加剧了对技术依赖的隐忧。在社会层面，这种不可解释性可能对提示工程技术在敏感领域（如法律或医疗）中的推广应用带来不利影响，并可能引发公众对人工智能技术滥用的恐惧，加剧社会对技术的抵触。

针对大语言模型的透明度与可解释性的问题，可从技术研发、工具设计和用户教育三个层面进行考虑。首先，在技术研发层面，开发者应推进可解释人工智能（explainable AI）技术，通过可视化工具或关键指标显示模型决策过程，同时优化模型结构以提高其可解释性。其次，在提示工程工具设计与开发层面，应提供清晰的生成报告和溯源机制，例如记录生成内容的逻辑路径和相关数据来源，帮助用户追踪模型输出的依据。最后，在用户教育层面，应加强用户对模型工作原理的认知，鼓励用户提出更明确的提示并审慎解读模型的生成结果。

本节主要探讨了提示工程技术中的伦理考量及其重要性。减轻偏见、保护数据隐私、增加模型透明度等，都是应用提示工程技术时需要重点关注的核心问题。作为AI大语言模型的用户以及提示工程技术的实践者，我们需要在实际操作过程中谨慎设计提示，避免生成不良内容。同时，应明确数据使用规范和隐私保护法规，确保技术的应用合规合法。通过遵循最佳实践方式和进行彻底的影响评估，推动AI大语言模型和提示工程技术成为尊重用户权利、促进公平并体现责任与道德价值的工具，这不仅能够为用户提供切实有效的支持，还将以负责任的态度促进科技创新与社会和谐发展。

笔记栏

6.2.2 科研中的责任

随着人工智能技术快速发展,科研领域正经历前所未有的变革。AI不仅作为研究对象吸引了大量关注,更成为推动各领域科研创新的强大工具。AI在数据处理、预测分析和模型优化等方面展现出的能力,为科研工作带来了极大的便利和效率提升。

然而,AI技术的广泛应用虽然促进了科研的突破性发展,却也随之暴露出诸多潜在的风险和不确定性。例如,AI算法被用于伪造数据或生成欺骗性研究论文,这类行为不仅降低了学术成果的可信度,还可能引发大规模的学术不端现象。尤其是生成式AI技术(如大语言模型)在快速生成高质量文本方面的能力,使得论文代写、抄袭剽窃和洗稿行为变得更加隐蔽且高效。此外,AI技术的"黑箱"特性使研究人员在使用中可能无法完全理解生成内容的依据,从而难以有效验证研究结果的可靠性。这些问题直接威胁到科研的诚信与公正。与此同时,AI技术在科研活动中的不当使用可能进一步加剧社会不公平。例如,只有拥有先进AI技术和算力的机构才能在科研竞争中占据优势,而资源有限的机构可能被边缘化。这些问题都对科研的公平性、透明性提出了新的挑战。

为应对上述挑战,学术界、政策制定者以及科研工作者需要从伦理和实践两方面入手,提出具有针对性的解决方案,以在推动科学创新的同时确保科研的公平性和责任性。

(1)提高透明度

研究人员应当公开在研究中使用生成式人工智能的具体情况,包括所使用的工具、算法和设置。同时,必须明确区分人类与人工智能的贡献,例如在论文中标注哪些部分是AI生成的内容。透明度是科研可信度的重要保障。

(2)验证人工智能生成的内容

使用人工智能模型生成的结果时,研究人员需要承担对其准确性和可靠性进行验证的责任。例如,人工智能生成的数据或图像必须找到实验或理论支持。此外,应在研究报告中详细说明验证过程,以确保结果的可重复性和可信性。

笔记栏

(3)记录人工智能生成的数据来源

研究人员在使用AI生成的数据、图像和推论时,应详细标注来源信息,说明人工智能在生成结果中的具体作用。建立清晰的数据来源记录有助于提高研究的可追溯性,防止责任划分模糊不清。

(4)注重伦理和公平

AI技术的使用应以科学合理性和社会有益性为前提。研究人员在设计研究时,需要充分考虑AI的潜在负面影响,采取措施降低风险。例如,确保AI技术不会导致社会歧视或加剧不公平。同时,学术界应推动研究人员公平获取AI技术和教育资源,关注边缘群体的需求,确保所有人都能公平地从技术进步中受益。

(5)持续监测与公众参与

科研活动应动态监测AI技术的应用效果与潜在风险,并根据最新发展及时调整使用规范。学术界应与政策制定者、技术开发者和公众协作,定期评估AI对科研和社会的影响。在这一过程中,公众的参与尤为重要,能够确保科研活动与社会需求保持一致,并增加透明性和信任度。

总而言之,在人工智能时代的科研活动中,诚信仍是核心基石。规范、透明和负责任地使用人工智能技术,才能确保科研工作高质量发展并符合伦理标准。此外,加强相关教育与进行风险防范能力建设,对应对AI技术带来的挑战同样至关重要。只有多方协作,才能构建一个可信的科研环境,实现科研创新与社会责任的平衡。